Sitzungsberichte der Heidelberger Akademie der Wissenschaften

Mathematisch-naturwissenschaftliche Klasse

Die Jahrgänge bis 1921 einschließlich erschienen im Verlag von Carl Winter, Universitätsbuchhandlung in Heidelberg, die Jahrgänge 1922—1933 im Verlag Walter de Gruyter & Co. in Berlin, die Jahrgänge 1934—1944 bei der Weiß'schen Universitätsbuchhandlung in Heidelberg. 1945, 1946 und 1947 sind keine Sitzungsberichte erschienen.

Jahrgang 1939.

1. A. Seybold und K. Egle. Untersuchungen über Chlorophylle. DM 1.10.
2. E. Rodenwaldt. Frühzeitige Erkennung und Bekämpfung der Heeresseuchen. DM 0.70.
3. K. Goerttler. Der Bau der Muscularis muscosae des Magens. DM 0.60.
4. I. Hausser. Ultrakurzwellen. Physik, Technik und Anwendungsgebiete. DM 1.70.
5. K. Kramer und K. E. Schäfer. Der Einfluß des Adrenalins auf den Ruheumsatz des Skeletmuskels. DM 2.30.
6. Beiträge zur Geologie und Paläontologie des Tertiärs und des Diluviums in der Umgebung von Heidelberg. Heft 2: E. Becksmann und W. Richter. Die ehemalige Neckarschlinge am Ohrsberg bei Eberbach in der oberpliozänen Entwicklung des südlichen Odenwaldes. (Mit Beiträgen von A. Strigel, E. Hofmann und E. Oberdorfer.) DM 3.40.
7. Studien im Gneisgebirge des Schwarzwaldes. XI. O. H. Erdmannsdörffer. Die Rolle der Anatexis. DM 3.20.
8. Beiträge zur Geologie und Paläontologie des Tertiärs und des Diluviums in der Umgebung von Heidelberg. Heft 4: F. Heller. Neue Säugetierfunde aus den altdiluvialen Sanden von Mauer a. d. Elsenz. DM 0.90.
9. K. Freudenberg und H. Molter. Über die gruppenspezifische Substanz A aus Harn (4. Mitteilung über die Blutgruppe A des Menschen). DM 0.70.
10. I. von Hattingberg. Sensibilitätsuntersuchungen an Kranken mit Schwellenverfahren. DM 4.40.

Jahrgang 1940.

1. F. Eichholtz und W. Sertel. Weitere Untersuchungen zur Chemie und Pharmakologie der Heidelberger Radiumsole. DM 2.20.
2. H. Maass. Über Gruppen von hyperabelschen Transformationen. DM 1.20.
3. K. Freudenberg, H. Walch, H. Grieshaber und A. Scheffer. Über die gruppenspezifische Substanz A (5. Mitteilung über die Blutgruppe A des Menschen). DM 0.60.
4. W. Soergel. Zur biologischen Beurteilung diluvialer Säugetierfaunen. DM 1.—.
5. Annulliert.
6. M. Steck. Ein unbekannter Brief von Gottlob Frege über Hilbert's erste Vorlesung über die Grundlagen der Geometrie. DM 0.60.
7. C. Oehme. Der Energiehaushalt unter Einwirkung von Aminosäuren bei verschiedener Ernährung. I. Der Einfluß des Glykokolls bei Hund und Ratte. DM 5.60.
8. A. Seybold. Zur Physiologie des Chlorophylls. DM 0.60.
9. K. Freudenberg, H. Molter und H. Walch. Über die gruppenspezifische Substanz A (6. Mitteilung über die Blutgruppe A des Menschen). DM 0.60.
10. Th. Ploetz. Beiträge zur Kenntnis des Baues der verholzten Faser. DM 2.—.

Jahrgang 1941.

1. Beiträge zur Petrographie des Odenwaldes. I. O. H. Erdmannsdörffer. Schollen und Mischgesteine im Schriesheimer Granit. DM 1.—.
2. M. Steck. Unbekannte Briefe Frege's über die Grundlagen der Geometrie und Antwortbrief Hilbert's an Frege. DM 1.—.
3. Studien im Gneisgebirge des Schwarzwaldes. XII. W. Kleber. Über das Amphibolitvorkommen vom Bannstein bei Haslach im Kinzigtal. DM 1.60.
4. W. Soergel. Der Klimacharakter der als nordisch geltenden Säugetiere des Eiszeitalters. DM 1.40.

Sitzungsberichte
der Heidelberger Akademie der Wissenschaften
Mathematisch-naturwissenschaftliche Klasse
Jahrgang 1956, 3. Abhandlung

Über den alternsbedingten Formwandel elastischer und muskulärer Arterien

Von

Günther Hieronymi

Mit 68 Textabbildungen

(Vorgelegt in der Sitzung vom 29. Mai 1956)

1956
Springer-Verlag Berlin Heidelberg GmbH

Ursprünglich erschienen bei Springer-Verlag 1956

ISBN 978-3-662-22948-4 ISBN 978-3-662-24890-4 (eBook)
DOI 10.1007/978-3-662-24890-4

Aus dem Pathologisch-Anatomischen Institut der Universität Heidelberg
(Direktor: Professor Dr. E. RANDERATH).

Über den alternsbedingten Formwandel elastischer und muskulärer Arterien.

Von

Günther Hieronymi.

Mit 68 Textabbildungen.

Vorgelegt in der Sitzung vom 29. Mai 1956.

Inhaltsverzeichnis.

A. Einleitung und geschichtlicher Rückblick zum Problem des Alterns, insbesondere der Gefäße.

Die Erscheinungen des Alterns sind seit jeher Mittelpunkt biologischer und medizinischer Forschung gewesen. Schon die Antike hat das abweichende Verhalten des alternden Organismus gut gekannt, zwischen Altern und Krankheit jedoch noch nicht scharf unterschieden. Die ersten Beschreibungen von Beobachtungen an alternden Menschen finden sich im Corpus hippocraticum und den Schriften GALENs, der Gerokomia. Entsprechend der Auffassung der Entstehung von Krankheiten durch fehlerhafte Mischung der Säfte, wurde der Prozeß des Alterns als eine Verschiebung im Gleichgewicht der vier Elementarqualitäten dargestellt und das Altern charakterisiert als Dyskrasie durch Überwiegen des Kalten und Trockenen. Diese Vorstellungen sind bis in das 17. Jahrhundert hinein beherrschend gewesen, ungeachtet der Fortschritte der Anatomie (VESAL) und der Physiologie (HARVEY).

Systematische morphologische Untersuchungen zur Erforschung von Alternsveränderungen wurden erstmals im 18. Jahrhundert von dem deutsch-baltischen Arzt J. B. FISCHER, kaiserlich-russischem Leibarzt und Chef des gesamten russischen Medizinalwesens unter

Anna Iwanowna, und von dem späteren Erlanger Professor für Chirurgie und Anatomie, B. W. SEILER, durchgeführt.

FISCHERs Buch „De senio" erschien im Jahre 1754. Es enthält eine umfassende Darstellung der Anatomie und Physiologie des alternden Menschen. Unter anderem wird besonders auf die Notwendigkeit von Sektionen zum Studium der Morphologie des gesunden Greisenorganismus hingewiesen (formam senilem internam). Als charakteristische Befunde, die das hohe Alter begleiten, bezeichnet FISCHER besonders die Erweiterung des Herzens und der Aorta (cordis et arteriae aortae enormis amplitudo), die Verkalkung der absteigenden Arterien (arteriarum descendentium quoad tunicam interiorem ossificationem), die knorpelige Umhüllung der Milz (lienis cartilaginositas), die Festigkeit des Gehirns (densitas cerebri), das Fehlen von Veränderungen an der Lunge (pulmonum status incolumis) und die Umbildung der Knochen, an denen man saftlose Zerbrechlichkeit, bisweilen auch Neigung zu neuem Wachstum sähe (ossium nunc arida frangibilitas nunc vegetativa virtus).

Diese Beobachtungen sind unseres Erachtens um so höher zu bewerten, als FISCHER sich damals noch nicht auf das erst 1761 erschienene Werk MORGAGNIs „De sedibus et causis morborum" beziehen konnte, in dem MORGAGNI an Hand von Sektionsberichten unter anderem die morphologischen Veränderungen des höheren Lebensalters ausführlich beschreibt. Auch das von dem Göttinger Anatomen A. v. HALLER verfaßte achtbändige Werk der Anatomie und Physiologie erschien erst viel später im Jahre 1766. Die Abhandlung FISCHERs ist deshalb der erste Beitrag zur Lehre der Alternsveränderungen, den wir überhaupt besitzen.

Sehr prägnant und fast modern anmutend formulierte B. W. SEILER in seinem als Dissertation 1799 gedruckten Traktat: „Anatomia corporis humanis senilis" seine Grundsätze zur Erforschung von Alternsprozessen. Er stellt für die Durchführung der Untersuchungen 10 Richtlinien auf. Die ersten sechs verlangen bei der Auswertung der Befunde Berücksichtigung der Altersstufe, des Geschlechts, des Habitus etwaiger angeborener Anomalien, der Lebensführung und der regionalen Einflüsse. Auch die weiteren haben fast noch heute Gültigkeit. In dem einen Artikel heißt es, man solle sich nicht allein mit den mikroskopischen Untersuchungen der Alternsveränderungen begnügen, vielmehr müsse man Mikroskop- und Injektionstechnik zu Hilfe nehmen und daneben Maß, Gewicht, Elastizität und Festigkeit der einzelnen Teile untersuchen. Flüssige und feste Bestandteile des Körpers seien einer chemischen Analyse zu unterziehen, um festzustellen, inwieweit die Zusammensetzung des alten Organismus vom jugendlichen abweiche. Nur was durch zahlreiche Beobachtungen bestätigt worden sei, könnte als dem Alter eigentümliche Erscheinung angesehen werden.

40 Jahre nach Erscheinen dieser Abhandlung schreibt 1839 in Erlangen CARL CANSTATT, ein Schüler SCHÖNLEINs, in lehrbuchmäßiger Darstellung ein zweibändiges Werk über die Altersveränderungen. Er erkannte schon damals, daß das Alter oder die Involution bald in diesem, bald in jenem System beginne und daß sich kein Gesetz auffinden lasse, durch das bestimmt werden könnte, in welcher „Sukzessionsreihe" die rückschreitende Metamorphose sich über die übrigen Teile des Organismus fortpflanze. Ein Altersgenosse CANNSTATTs, LORENZ GEIST, Arzt in einem Nürnberger Altershospital, und CARL METTENHEIMER, Arzt in einem Frankfurter Versorgungshaus (1863), haben durch klinische und autoptische Beobachtungen die Kenntnisse von den Alternsveränderungen weiterhin gefördert und vertieft.

Im letzten Drittel des 19. und Anfang des 20. Jahrhunderts mit Entwicklung neuer Untersuchungsmethoden und durch die Fortschritte der Pathologischen Anatomie und Physiologie entstanden weitere Arbeiten, die sich besonders mit dem Wesen der Alternsveränderungen beschäftigten und den Vorgang des Alterns zu erklären versuchten.

Es seien hier nur die wichtigsten genannt:

RUBNER 1909 ging bei der Beurteilung der Alternsvorgänge von Stoffwechseluntersuchungen aus. Er stellte fest, daß die energetischen Prozesse mit zunehmender Lebensdauer ständig abnehmen und die Ursache des Alterns in einer allmählichen Erschöpfung der Lebensenergie bestehe.

Mehr mechanistisch sind die Vorstellungen und Auffassungen über das Altern von LOEB 1908. Nach seiner Theorie bekommt jede Species zu Beginn der individuellen Entwicklung ein bestimmtes Quantum einer als lebenswichtig angesehenen chemischen Substanz, die im Laufe des Lebens aufgebraucht wird und sich nach MENDELschen Gesetzen vererbt.

PEARL 1910 sieht die Ursache des Alterns in einer allmählichen Anhäufung von Giften, die als Stoffwechselprodukte der lebenden Zellen entstehen sollen.

Diese Beobachtung wurde durch Untersuchungen CARRELS 1924 gestützt. In ihnen stellte er fest, daß Gewebskulturen, die man längere Zeit sich selbst überläßt, ohne die eigenen schädlichen Stoffwechselprodukte zu entfernen, bald ihr Wachstum einstellen und absterben.

Diese Alternstheorie schließt sich somit der Vergiftungs- bzw. Verschlackungstheorie an, zu der auch die METSCHNIKOFFS 1908 gehört. Er glaubt, daß das Altern das Resultat einer chronischen und langsamen Autointoxikation sei. Die Bildung der tödlichen Gifte wird in den Dickdarm verlegt. Sie sollen dort nur unzureichend zerstört und ausgeschieden werden und dadurch zu einer Schädigung der Gewebe führen.

Eine grob mechanistische Hypothese über das Altern hat KUNZ 1933 entwickelt. Er sieht in dem Altern der Gewebe die Folge kosmischer Strahlungen, durch die die Plasmakolloide fortschreitend verändert werden sollen.

Nach ZWAARDEMAKER 1927 soll die allmähliche Anhäufung, der mit der Atmung aufgenommenen Radiumemanation, die Plasmaerneuerung erschweren und auf diese Weise den Stoffwechsel der Zellen verlangsamen. Die ältesten Vorstellungen über das Altern knüpfen an den mechanischen Begriff der Abnutzung an. Darüber, was eigentlich abgenutzt wird, äußern sich die Autoren nur unbestimmt. Eine andere Gruppe von Forschern (HARMS 1914, STEINACH 1930, VORONOFF 1926) bringt das Altern mit der Involution der Fortpflanzungsorgane in Zusammenhang. Unentschieden bleibt dabei die Frage nach der Ursache dieses Vorganges.

MÜHLMANN 1910 schreibt dem Nervensystem bzw. dem Gehirn eine führende Rolle im Alternsprozeß zu. Nach dieser Theorie wird die Altersatrophie der Haut, des Muskels sowie die braune Atrophie der Leber usw. auf eine Degeneration der Nervenzellen zurückgeführt. Andere Betrachtungen des Alternsproblems gehen von kolloidchemischen Grundlagen aus und nehmen an, daß das Altern der Zellen auf dem Altern der Kolloide beruhe. Im Zusammenhang damit steht die von RUZIČKA 1924 nachgewiesene kontinuierlich von der Entwicklung bis zum Tode zunehmende Verdichtung der Protoplasmakolloide (Protoplasmahysteresis). Nach Untersuchungen von DARANYI 1941 wird der Alternsprozeß der Kolloide durch Veränderung des Aggregatzustandes gekennzeichnet.

DRIESCH 1921 bringt nach Ablehnung der Abnutzungs-, Verbrauchs- und Vergiftungstheorien das Phänomen des Alterns mit dem eigentlichen Wesen organischen Lebens in unmittelbare Beziehung und berührt damit die Frage nach dem Wesen des Lebendigen.

Mögen auch alle hier genannten Alternstheorien auf richtigen Beobachtungen beruhen, das Wesen des Alterns als vitalen Prozeß können sie im Grunde nicht erklären. Als Versuch, die Alternsveränderungen des Organismus auf ein gemeinsames ordnendes Prinzip zurückzuführen, kommt ihnen jedoch eine hervorragende Bedeutung zu.

Systematische Untersuchungen über die morphologischen Alternsveränderungen beim Menschen liegen bisher nur wenig vor. Das gilt im besonderen für die Alternsveränderungen des Gefäßsystems, das unseres Erachtens in der Alternsforschung insofern eine bevorzugte Stellung einnimmt, als alternsbedingte Gefäßwandveränderungen in die Funktion des Kreislaufs und die der übrigen Organe irgendwie eingreifen und damit den Eintritt des allgemeinen Alterungsprozesses ganz wesentlich fördern. Der bekannte Satz von CAZALIS, daß der Mensch so alt sei wie seine Gefäße, besteht somit, wenn auch im abgewandelten Sinn, noch heute zu Recht.

Da wir über die physiologischen Wandlungen des Gefäßbaues im Ablauf des Lebens bisher nur unzureichend unterrichtet sind, andererseits aber gerade die genaue Kenntnis der normal vorkommenden Alternsveränderungen der Blutgefäße eine unerläßliche Voraussetzung für die Beurteilung krankhafter Gefäßwandprozesse darstellt, schien eine gründliche Untersuchung der alternsbedingten Gefäßwandveränderungen gerechtfertigt.

Für die speziellen Untersuchungen von Alternsvorgängen ist die Gefäßwand besonders geeignet, da sie zu den Geweben gehört, die wegen ihres trägen Stoffwechsels viel weniger den zum Tode führenden Erkrankungen ausgesetzt ist als solche mit lebhaftem Stoffwechsel. Es soll deshalb nach der Anschauung von BÜRGER der Alternsprozeß solcher Gewebe in fast gesetzmäßiger Weise ablaufen, da der Alterungsvorgang in nur geringem Maße durch krankhafte Veränderungen überlagert wird. BÜRGER versteht bekanntlich unter bradytrophen Geweben solche, die eine spärliche oder gar keine Capillarversorgung besitzen. Nährstoffe und Wasser müssen ihnen per diffusionem durch eine mehr oder minder breite Gewebsstrecke zugeführt werden. Die Abbauprodukte müssen auf demselben Wege wieder abgeleitet werden. Gewebe, die unter solchen Bedingungen ernährt werden, sind nach BÜRGER außer bestimmten

Wandschichten der Gefäße, Knorpel, Linse und Hornhaut. Die Konzeption der bradytrophen Gewebe als eine hinsichtlich der Ernährung und des Alternsschicksals gemeinsamen Gruppe wurde kürzlich von LINZBACH anerkannt. Er kommt beim Vergleich dystrophischer Vorgänge am Knorpel und an der Art. femoral. zu der Feststellung, daß „hier trotz formaler, durch die Struktur bedingter Verschiedenheiten eine im wesentlichen bestehende Ähnlichkeit" vorhanden sei.

Im Gegensatz zu MERKEL, RÖSSLE, MINOT und LUBARSCH, die die Ungleichmäßigkeit des Alterns der Organe vertreten, faßt BÜRGER das Altern als synchronen Vorgang auf, bei dem der ganze Organismus mit allen seinen Organen gleichzeitig und harmonisch altere, so daß für jedes Organ und für den Gesamtorganismus dasselbe Gesetz des Alterns gelte. Als einen sehr wesentlichen Bestandteil dieser Gesetzmäßigkeit erkannten BÜRGER und SCHLOMKA durch chemische Analyse eine mit dem Alter fortschreitende Wasserverarmung der Gewebe und als deren Folge sekundäre Einlagerung von sog. Schlackensubstanzen in die Gerüst- und Grundsubstanz. Als Modell für die anorganischen Substanzen untersuchte BÜRGER den Calciumgehalt und als Modell für die organischen Substanzen den Cholesteringehalt besonders der bradytrophen Gewebe. Eine besondere Bedeutung wird bei diesem Vorgang der Intercellularsubstanz zugeschrieben. Da der Alternsprozeß an dieser mit einer Abnahme der Durchlässigkeit einhergeht und die Gewebskolloide infolge Wasserverarmung sich verdichten und viscöser werden, wird auch die Löslichkeit der von außen mit dem Saftstrom hineindiffundierten anorganischen und organischen Stoffe erschwert sein, wodurch das Gewebe mit pathologischen Stoffwechselprodukten angereichert wird. Bezüglich der Lokalisation dieser Stoffe ergibt sich daraus, daß die Masse solcher Stoffwechselprodukte besonders an den Stellen anzutreffen sein wird, an denen der Saftstrom träge und verlangsamt ist. Nach der Auffassung LINZBACHs sind derartige Bezirke in der Gefäßwand im inneren Mediadrittel gelegen. Es handelt sich dabei um solche Stellen, an denen die Intercellularsubstanz, wie schon SCHULTZ und BJÖRLING festgestellt hatten, bei Färbung mit basischen Anilinfarben, wie Toluidinblau oder Kresylechtviolett, einen metachromatischen Farbton annimmt. Das Vorhandensein einer solchen Farbreaktion ist nach LINZBACH ein „untrügliches morphologisches Symptom einer verlangsamten Gewebsdurchflutung". Von ganz besonderem Interesse, gerade im Hinblick auf die Alterungsvorgänge der Gefäße, war dabei die von LINZBACH mathematisch gewonnene Erkenntnis, daß für jedes bradytrophe Gewebe ein „gemäß seinen Ansprüchen charakteristisches Verhältnis zwischen Volumen und Oberfläche gewahrt bleiben muß", wenn nicht regressive Veränderungen in dem entsprechenden bradytrophen Gewebsbezirk auftreten sollen. So konnte LINZBACH am Beispiel des Trachealknorpels bei meßbarem Mißverhältnis von Oberfläche zu Volumen, eine veränderte Färbbarkeit der Knorpelgrundsubstanz nachweisen, die an Stelle der Metachromasie eine deutliche Eosinophilie mit verdämmernden Knorpelzellen zeigte. Die gleichen Gesetzmäßigkeiten ließen sich auch a. B. der Art. femoralis aufdecken, d.h. regressive Veränderungen innerhalb der Gefäßwand stellten sich regelmäßig dann ein, wenn im Ablauf des Lebens das Verhältnis von Oberfläche zu Gefäßwandvolumen gestört war. LINZBACH glaubt deshalb, daß derartige Wandschädigungen, die besonders die Media betreffen, die Entstehung der Atherosklerose ganz wesentlich begünstigen und fördern können.

Bei der Bedeutung dieser Feststellung erschien es uns deshalb wichtig, zu entscheiden, ob in normalen Gefäßen im Ablauf des Alternsprozesses tatsächlich ein solcher Zustand eintritt, bei dem anders ausgedrückt, die Gefäßwanddicke ohne entsprechende Erweiterung des Radius zunimmt. Des weiteren sollte geklärt werden, ob eine Störung des Verhältnisses von innerer Oberfläche zu Volumen der Gefäßwand für den Eintritt regressiver, alternsbedingter Gefäßwandveränderungen notwendige Voraussetzung sei oder ob allein schon die „Alterung" der Intercellularsubstanz mit Abnahme des Wasserbindungsvermögens und verminderter Diffusionsgeschwindigkeit genügt, um während des Lebens sich entwickelnde Veränderungen der Struktur der Gefäßwand auszulösen.

Im ersten Fall würde also durch Verlängerung des Diffusionsweges und dadurch verzögerter Diffusion, infolge Zunahme der Gefäßwanddicke bei kleiner, innerer Oberfläche und engem Lumen, im zweiten Fall aber allein durch Alterung der Zwischensubstanz, die sich in verminderter Wasserbindung, erschwerter Diffusion und verminderter Diffusionsgeschwindigkeit ausdrückt bei regelrechtem $Oi:V$-Verhältnis der Eintritt regressiver Gefäßwandveränderungen begünstigt oder ausgelöst werden.

Neben diesem Problem entstanden bei Untersuchung der Alternsveränderungen der Gefäße eine ganze Reihe anderer Fragen, die hier nur kurz angeschnitten werden und auf die wir später genauer eingehen wollen.

Daß Weite und Wanddicke der Gefäße mit fortschreitendem Lebensalter zunehmen, ist eine bekannte Tatsache. Untersuchungen, die sich mit der Messung dieser Größen beschäftigen, liegen in älteren (SCHIELE-WIGANDT, BENEKE, KANI, SUTER, KAUFMANN, MÖNCKEBERG, STERNBERG und JAFFÉ, RÖSSLE) und neueren Arbeiten (LINZBACH, SCHOENMAKERS, KOHL und KEUENHOF, WELLMAN, BÖHMIG, FRUCHT, KARSNER, MURATORI) vor. Derartige Messungen wurden mit verschiedenen Methoden, teils am aufgeschnittenen, teils an unaufgeschnittenen, fixierten oder unfixierten Gefäßen, meist der Aorta, vorgenommen, wobei die Stärke der Wanddicke bzw. die Weite des Gefäßumfanges tabellarisch in relativen oder absoluten Zahlen angegeben wurde. Ganz abgesehen davon, daß bei diesen Messungen häufig unzureichende Methoden zur Anwendung kamen, haben nur wenige Autoren sich bemüht, die Beziehungen der Meßgrößen untereinander zu bestimmen. So werden in den meisten Arbeiten die Beziehungen zwischen Gefäßkaliber und Flächeninhalt oder die Beziehungen zwischen Gefäßvolumen und Organ und Körpergewicht bzw. Körperlänge an keiner Stelle berücksichtigt. Auch über das Verhalten der Gefäßlichtung zur Wanddicke in Abhängigkeit vom Alter liegen meist keinerlei Angaben vor. Die interessante Frage nach dem Wachstumstempo elastischer und muskulärer Gefäße im Vergleich verschiedener Gefäßprovinzen des gleichen Individuums ist unseres Erachtens überhaupt noch nicht diskutiert worden. Ungeklärt scheint die Frage, inwieweit der Dickenzunahme der Gefäße ein wirkliches Wachstum zugrunde liegt. RÖSSLE äußerte sich einmal dazu, daß die Verstärkung der Intima mit zunehmenden Lebensalter nicht als Wachstumsvorgang, sondern als „kompensatorisch wirkende Errungenschaft" angesehen werden müsse, andererseits bestreitet er nicht das Vorkommen wirklicher Wachstumsvorgänge in der Art von „Anpassungserscheinungen". Im übrigen rechnet er jedoch nur solche „Vorgänge" dazu, bei denen zum mindesten außer der Intima auch die Media beteiligt sei. Auch in der Frage nach dem Verhältnis von Herzgewicht und Gefäßgröße (Aorta, Art. pulmonalis, Art. femoralis, Art. coronaria desc.) gehen die Anschauungen auseinander. Während RÖSSLE einen Zusammenhang ablehnt, stellten LINZBACH und SCHOENMAKERS eine weitgehende Abhängigkeit zwischen der Größe des Herzgewichtes und der Ringfläche bzw. dem Volumen der Gefäßwand fest. Die Frage nach den Beziehungen von Geschlecht und Konstitution zur Gefäßgröße wird im allgemeinen dahin beantwortet, daß grob ausgedrückt, große Menschen große und weite, Frauen und kleine Menschen kleinere und engere Gefäße besitzen.

Bei der mikroskopischen Untersuchung der Alternsveränderungen elastischer und muskulärer Gefäße werden wir auf die Frage nach Entwicklung und Wachstum der Intima genauer eingehen. Zugleich soll die Frage nach der Entstehung der Verdoppelung der inneren elastischen Lamelle berührt werden. Besonders ausführlich wird die Frage nach Lokalisation, Zusammensetzung und Bedeutung der Gefäßwandzwischensubstanz abgehandelt werden. Häufigkeit und Ausmaß der „Gefäßwandverschlackung" (BÜRGER) wird durch qualitativen Nachweis von Fettsubstanzen und calciumhaltigen Verbindungen im Schnittpräparat festgestellt. Dabei sollen die Beziehungen der eingelagerten Schlackensubstanzen zur Intercellularsubstanz und den geformten Bestandteilen der Gefäßwand besonders erörtert werden.

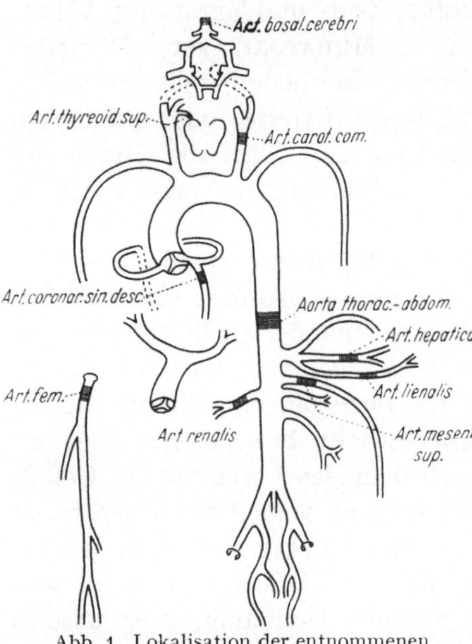

Abb. 1. Lokalisation der entnommenen Gefäßstücke.

Unsere Versuche durch elektrophoretische Untersuchungen, die am Aufbau der Gefäßwand beteiligten Eiweißkörper zu identifizieren, scheiterten bisher aus technischen Gründen. Extrahiert wurde mit dem bei der Serumelektrophorese üblichen Veronal-Natriumpuffer von p_H 8, sowie mit einer 0,85 %igen NaCl-Lösung und einer 0,14molaren KCl-Lösung, z. T. nach vorangegangener enzymatischer Trypsinverdauung. Auf den wie bei Serumanalysen nach GRASSMANN und HANNIG behandelten Papierstreifen wurde 0,060 cm^3 des leicht opalescierenden Extraktes aufgetragen. Nach 8stündiger Laufzeit haben wir jedoch eine Trennung der Eiweißfraktionen nicht beobachten können. Auch nach Verwendung des Oxalat-Veronalpuffers nach WIEDEMANN haben wir keine verwertbaren Resultate erhalten.

Entsprechend den von uns aufgezeigten Punkten gliedert sich somit die Arbeit in drei Hauptteile:

Im 1. Teil wird über die Messungsergebnisse der Gefäße berichtet.

Im 2. Teil werden die alternsbedingten Veränderungen elastischer und muskulärer Gefäße ausführlich beschrieben.

Im 3. Teil wird die Histochemie der Zwischensubstanz unter Berücksichtigung der sog. Schlackenstoffe der Gefäßwand abgehandelt.

Zur Untersuchung gelangen insgesamt 2000 arterielle Gefäße von Personen verschiedener Altersstufen. Untersucht werden die Brust- und Lenden-Aorta, die Art. carotis communis, die Art. femoralis, die Art. mesenterica, die Milz- und Nierenarterie, die Leberarterie, die Schilddrüsenarterie, der absteigende Ast des linken Herzkranzgefäßes sowie die Art. basalis cerebri. Die Gefäße werden stets an der gleichen Stelle entnommen (Abb. 1), außerdem werden bei einem Teil der Fälle die kleinkalibrigen Gefäße von Milz, Leber, Nieren, Pankreas, Lungen, Schilddrüse, Herzmuskel und weichen Hirnhäuten untersucht. Ausgeschlossen von der Untersuchung werden alle Gefäße mit Atherosklerose oder anderen krankhaften Gefäßwandveränderungen.

B. Über Gefäßwandmessungen.

Schon vor über 100 Jahren, im Jahre 1842, hat A. PAGET die Weite von Arterien gemessen und bei verschiedenen Leichen ein konstantes Verhältnis zwischen Lumen des Stammes und dem seiner Äste gefunden. Weitere Untersuchungen dieser Art sind von GIMBERT, DONDERS, KÖLLIKER, HENLE und VIERORDT an einem allerdings nur sehr kleinen Material (2 Personen) durchgeführt worden. Die Art der Messungen ist damals noch sehr umständlich und ungenau gewesen. Während VIERODT seine Messungen an frischen Präparaten anstellte, haben DONDERS, HENLE, KÖLLIKER und GIMBERT aufgeweichte Abschnitte getrockneter Gefäße benutzt und die Wanddicke der Gefäße durch Bestimmung des spezifischen Gewichtes ermittelt. Die ersten umfangreichen Gefäßwandmessungen gehen auf BENEKE (1879) zurück, der in 60 Fällen die Weite der aufgeschnittenen Aorta bestimmte. Ganz ähnlich ging auch SCHIELE-WIEGAND (1880) bei ihren Untersuchungen vor. Zur Bestimmung der Wanddicke benutzte sie einen von QUINKE konstruierten Hebelapparat, mit dem sie jedoch nur sehr ungenaue Ergebnisse erhielt. Zum Teil mag das aber auch daran gelegen haben, daß sie die aufgeschnittenen, ausgebreiteten und getrockneten Schnitte vor der Messung erst in Wasser aufweichte und dann in Glycerin eingeschlossen untersuchte. THOMA und SCHEEL haben ähnliche Messungen bei einer allerdings nur sehr beschränkten Anzahl von Individuen vorgenommen. An einem sehr großen Material (2719 Messungen) untersuchte F. Suter (1897) Umfang und Weite der aufgeschnittenen Aorta dicht oberhalb des Ansatzes der Aortenklappen. Die Messungen selber sind allerdings nicht von Suter, sondern von Roth, dem Leiter des Pathologischen Instituts Basel, in den Jahren 1881—1895 durchgeführt worden. Von Suter sind die Befunde dann später ausgewertet. Kani und Rössle (1910) verwendeten zur Bestimmung der Gefäßwanddicke (Aorta, Art. pulmonalis und Art. carotis communis) ein modifiziertes Drahtsaitenmikrometer. Es sollten sich damit noch Dickenunterschiede von 0,02 mm gut messen lassen. Rössle weist in diesem Zusammenhang besonders auf die Notwendigkeit der Dickenmessungen der Gefäße hin, die wichtiger sei als die Kaliberbestimmung des Gefäßrohres, da es bei der Betrachtung der gesamten Verhältnisse des Kreislaufes weniger darauf ankomme, wie weit die großen Gefäßrohre seien, als darauf, welche Werte sie als funktionierende Masse besitzen. Fast gleichzeitig mit Kaufmann (1919) teilten Jaffé und Sternberg ihre an der aufgeschnittenen Aorta gewonnenen Messungsergebnisse mit. Diese Messungen sind insofern von Bedeutung, als sie ausschließlich an gesunden, im ersten Weltkrieg gefallenen Soldaten vorgenommen worden waren. Das gleiche gilt für die 2 Jahre später erschienene Arbeit von Mönckeberg, der gleichfalls Gefäßwandmessungen an in Lazaretten verstorbenen Soldaten durchgeführt hatte. Keuenhof und Kohl haben die Aortenwanddicke nach sorgfältigem Abpräparieren des adventitiellen Bindegewebes mit einer spezial angefertigten Mikrometerschraubenplatte gemessen und die Werte in Millimeter angegeben. Von Karsner, Wellman und Muratori werden besonders die Dicke der Aortenmedia mit Hilfe eines Okularmikrometers bestimmt. Ähnlich wie nach dem 1. Weltkrieg sind auch während des letzten Krieges besonders von Böhmig (1944) Messungen an der aufgeschnittenen Aorta durchgeführt worden.

Während die bisher genannten Autoren die Weite der Arterien am *aufgeschnittenen* Gefäß mit dem Maßstab ausgemessen oder mit besonderen Instrumenten (Hebelapparat, Drahtseitenmikrometer, Mikrometer-Schraubenplatte) bestimmt haben, hat Linzbach als erster am Beispiel der Art. femoralis durch planimetrische Messungen den Kreisflächeninhalt der Gefäße an *geschlossenen* Gefäßringen untersucht. Nach seinen Angaben ergibt diese Methode, im Gegensatz zu den früheren, mühsamen und ungenauen Umfangmessungen sehr genaue Werte. Sie sind in ihrer Größe direkt proportional dem tatsächlichen Volumen der Gefäßwand bei Multiplikation mit einer bestimmten Längeneinheit. Da diese überall die gleiche ist, kann man die Multiplikation unterlassen und den Flächeninhalt des Ringes als Maß des Volumen ansehen. Darüber hinaus hat die Methode gegenüber den gewöhnlichen Dickenmessungen den Vorteil, daß die Dicke nicht an einem bestimmten Punkt des Gefäßumfanges festgestellt wird — dieser würde gar nichts besagen —, da die Gefäße schon sehr frühzeitig Dickenschwankungen im Bereich der Circumferenz aufweisen, sondern die Dicke der ganzen Circumferenz ausgemessen wird. Dabei ist es vollkommen gleichgültig, ob das Gefäß weit oder kontrahiert ist, ob der Ring einen Kreis darstellt oder deformiert ist. Das Flächenmaß bleibt immer das gleiche. Darüber hinaus ist es möglich, mit Hilfe mathematischer Ableitungen bei Kenntnis von Ringflächeninhalt und mittlerer Ringdicke aus einem vollkommen deformierten Ring einen kreisförmigen Ring zu berechnen und nachträglich die lichte Weite und den äußeren Umfang des Gefäßes zu bestimmen. Gegen diese Methode kann allerdings eingewendet werden, daß Fixierung und Einbettung die Ergebnisse beeinflussen. Sicherlich ist das auch bis zu einem gewissen Grad der Fall. Da aber der Fehler in allen von uns untersuchten Fällen der gleiche ist, kann er vernachlässigt werden. Eine weitere Fehlerquelle liegt in der Retraktion der Gefäße, wodurch natürlich das Volumen der Gefäßwand vermehrt wird, und zwar am stärksten in unmittelbarem Bereich der Schnittstelle, um weiter entfernt davon abzunehmen, bis ein Ausgleich mit dem Zug der adventitiellen Bindegewebsfasern erreicht ist. Da die Gefäßretraktion bei jugendlichen Individuen am größten ist und bei alten Leuten gleich Null sein kann, werden die jugendlichen Gefäße etwas zu große Werte aufweisen, im Vergleich zu denen, die mit Abnahme ihrer Elastizität ihre Retraktion verloren haben.

1. Eigene Untersuchungsmethoden.

An Stelle der wenig exakten Dicken- und Umfangmessungen am aufgeschnittenen Gefäß verwendeten wir für unsere Untersuchungen die von LINZBACH angegebene planimetrische Methode zur Bestimmung der Größenzunahme der Gefäße. Die Gefäße werden 24 Std in Formalin fixiert, danach wird senkrecht zur Gefäßachse ein kleiner Gefäßring herausgeschnitten und in gewöhnlicher Weise in

Paraffin eingebettet. Die entparaffinierten und mit Elastica-van-Gieson gefärbten Präparate werden mit dem LEITZschen Vergrößerungsapparat 10—40fach vergrößert, auf ein Blatt Papier projiziert und die Umrisse mit dem Bleistift nachgezogen. Als äußere Begrenzung wird die Grenze zwischen Media und Adventitia gewählt, die bei der Elastica-Färbung sehr genau zu erkennen ist. Die Ringfläche wird mit dem Planimeter ausgemessen, die Planimeterwerte werden entsprechend der Stärke der Vergrößerung auf Normalwerte umgerechnet. Neben dem Ringflächeninhalt wird der Gesamtflächeninhalt der Gefäße bestimmt, außerdem der innere Radius und die mittlere Wanddicke. Die Dicke der Wandschichten wird an verschiedenen Stellen der Gefäßcircumferenz mit dem LEITZschen Okularmikrometer festgestellt und die Werte in μ umgerechnet. Bei Gefäßen sehr junger Individuen ohne eigentliche Intima wird die Dicke der Elastica interna gemessen.

Gemessen wird: die Brustlendenaorta (Zwerchfellhöhe), die Halsschlagader, die Schenkelarterie, die Art. mesenterica sup., die Milz- und Nierenarterie, die Leberarterie, obere Schilddrüsenarterie, der absteigende Ast der linken Herzkranzschlagader und die Art. basalis cerebri. Da die Messungswerte der verschiedenen Altersgruppen zueinander in Beziehung gesetzt werden sollten, werden die Messungen bei allen Individuen an den gleichen, bereits oben angegebenen Stellen der Gefäßstrecken vorgenommen.

Den hier mitgeteilten Ergebnissen liegen insgesamt 4000 Messungen zugrunde, die an 1400 Gefäßen ausschließlich männlicher Leichen vorgenommen wurden. Die Zahl der untersuchten Fälle gliedert sich dabei folgendermaßen auf:

Untersucht wurden vom:

1.— 4. Lebensjahr	24 Fälle,
5.—10. Lebensjahr	12 Fälle,
11.—15. Lebensjahr	8 Fälle,
16.—20. Lebensjahr	19 Fälle,
21.—30. Lebensjahr	15 Fälle,
31.—40. Lebensjahr	15 Fälle,
41.—50. Lebensjahr	16 Fälle,
51.—60. Lebensjahr	16 Fälle,
61.—70. Lebensjahr	15 Fälle.

Zur Erleichterung der Übersicht werden die Befunde stets in gleicher Reihenfolge beschrieben.

Untersucht werden als Funktion des Lebensalters:

a) Die Zunahme des Gefäßwandvolumens.

b) Die Zunahme der mittleren Gefäßwanddicke.

c) Die Zunahme der Dicke der einzelnen Gefäßwandschichten.

d) Die Zunahme des inneren Radius.

e) Die Beziehungen der mittleren Wanddicke zum inneren Radius.

f) Das Verhältnis von Volumen und innerer Oberfläche der Gefäßwand.

g) Die Abhängigkeit des Gefäßwandvolumens vom Körperfüllenindex.

h) Die Abhängigkeit des Gefäßvolumens von der Körpergröße.

i) Die Beziehungen des Gefäßvolumens zum Milz-, Nieren- und Herzgewicht.

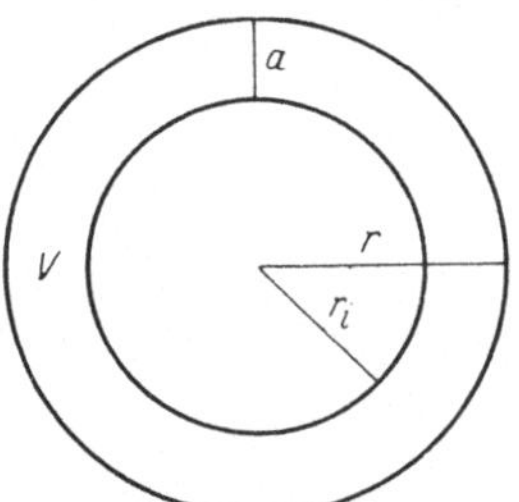

Abb. 2. Idealer Gefäßwandquerschnitt mit eingetragenem Radius (r), innerem Radius (r_i), eingetragener Wanddicke (a) und eingetragenem Gefäßwandvolumen (V) bzw. Kreisflächeninhalt.

Die unter Punkt g) bis i) angeführten Untersuchungen sind lediglich an der Art. femoralis, Art. lienalis, Art. renalis und an der Art. coronaria sinistra descendens durchgeführt worden. Die Größe des Gefäßwandvolumens wird in mm², die des inneren Radius und der Wanddicke in mm und die Dicke der Wandschichten in μ angegeben. Aus der Größe des Volumens (V) und der mittleren Wanddicke (a), die durch unsere Messungen gegeben sind, wird der innere Radius (r_i) berechnet (s. Abb. 2). Bei verschiedenen a müssen wir aus einer Anzahl von a den Mittelwert bestimmen.

Bei bekannten V und a bestehen folgende Beziehungen:

$$r = r_i + a. \tag{1}$$

Das Volumen der Gefäßwand ist

$$V = \pi r^2 - \pi r_i^2. \tag{2}$$

An Stelle von r setzen wir den Wert (1) ein und erhalten

$$V = \pi (r_i + a)^2 - \pi r_i^2,$$

$$V = 2 r_i a \pi + a^2 \pi$$

oder

$$r_i = \frac{V - a^2 \pi}{2 a \pi}. \tag{3}$$

Die innere Oberfläche der Gefäßwand beträgt:

$$O_i = 2 r_i \pi \cdot L.$$

Das Verhältnis innere Oberfläche: Volumen ist deshalb:

$$\frac{O_i}{V} = \frac{2 r_i \pi \cdot L}{(\pi r^2 - \pi r_i^2) \cdot L}$$

$$= \frac{2 r_i \cdot \pi}{\pi r^2 - \pi r_i^2} \cdot l.$$

Setzen wir nun in diese Gleichung den Wert $r = r_i + a$ ein, so erhält man

$$\frac{O_i}{V} = \frac{2 r_i \cdot \pi}{\pi (r_i + a)^2 - \pi r_i^2}$$

$$= \frac{2 r_i \cdot \pi}{2 r_i a \pi + a^2 \pi}.$$

Setzen wir nun den Wert (3) für r_i ein, so erhält man

$$\frac{O_a}{V} = \frac{2 \cdot \frac{V - a^2 \pi}{2 a \pi} \cdot \pi}{2 \cdot \frac{V - a^2 \pi}{2 a \pi} a \pi + a^2 \pi}$$

$$= \frac{V - a^2 \pi}{a \cdot V}$$

oder man erhält bei bekanntem a und V für das Verhältnis innere Oberfläche zu Volumen die Beziehung:

$$\frac{O_i}{V} = \frac{1}{a} - \frac{a \cdot \pi}{V}.$$

Neben den Absolutwerten werden die relativen Werte dadurch errechnet, daß wir die Absolutwerte von V, a und r_i auf die Mittelwerte des Kleinkindesalters beziehen. Es ergibt sich dadurch die Möglichkeit, die von uns untersuchten Gefäße unabhängig von der Absolutgröße der Mittelwerte miteinander zu vergleichen.

2. Messungsergebnisse und Zusammenfassung.

Die Messungsergebnisse der von uns untersuchten Arterien sind im einzelnen im Kurvenanhang (Abschnitt 3) aufgeführt. Zusammenfassend kamen wir zu folgenden Ergebnissen:

Von allen von uns untersuchten Arterien zeigte die Milzarterie den stärksten Volumenzuwachs. Ihr Volumen hatte sich im 70. Lebensjahr etwa vervierzehnfacht. An zweiter Stelle steht die Schenkelarterie mit verzwölffachtem Wandvolumen und an dritter Stelle die Nierenarterie mit verzehnfachtem Wandvolumen. Dieser Gefäßgruppe mit starker Zunahme des Wandvolumens steht eine zweite Gruppe von Gefäßen gegenüber, deren Wandvolumen sich mit dem 70. Lebensjahr verfünf- bis versiebenfacht. Es sind dies die Art. coronaria sinistra descendens, die Leberarterie, die obere Mesenterialarterie und die Brust-Lendenaorta. Die dritte und letzte Gruppe umfaßt die obere Schilddrüsenarterie, die Halsschlagader und die Hirnbasisarterie. Sie zeigen unter den von uns untersuchten Gefäßen

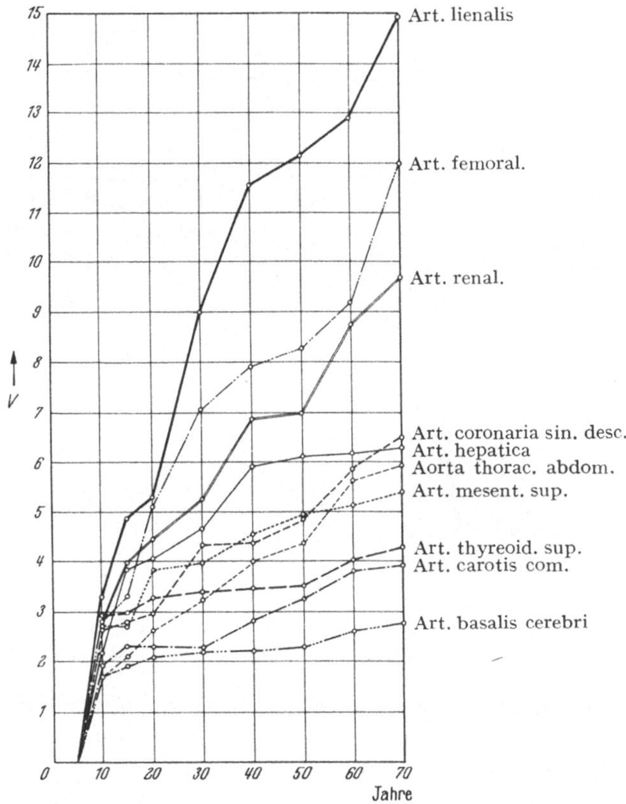

Abb. 3. Relative Mittelwerte des Gefäßwandvolumens im Laufe des Lebens.

die geringste Zunahme ihres Wandvolumens, sie haben sich im 70. Lebensjahr etwa vervierfacht (Abb. 3).

Auch bei der Untersuchung der mittleren Gefäßwanddicke ließen sich 3 Gruppen unterscheiden, in denen sich bis zum 70. Lebensjahr die mittlere Wanddicke verdoppelt, verdreifacht und vervierfacht hatte. Etwa eine *Verdoppelung* der mittleren Wanddicke zeigten die Brust-Lendenaorta, die Halsschlagader und die Hirnbasisarterie, eine *Verdreifachung* die obere Mesenterialarterie, die Leberarterie und der absteigende Ast des linken Herzkranzgefäßes sowie die obere Schilddrüsenarterie. Eine *Vervierfachung* der Wanddicke fanden wir bei der Nieren-, Schenkel- und Milzarterie (Abb. 4).

Gefäße mit nur schwacher Intimaverdickung sind die obere Mesenterialarterie, die obere Schilddrüsenarterie und die Nierenarterie. Eine stärkere Verdickung zeigte der absteigende Ast der linken Herzkranzarterie, die Hirnbasisarterie und die Leberarterie.

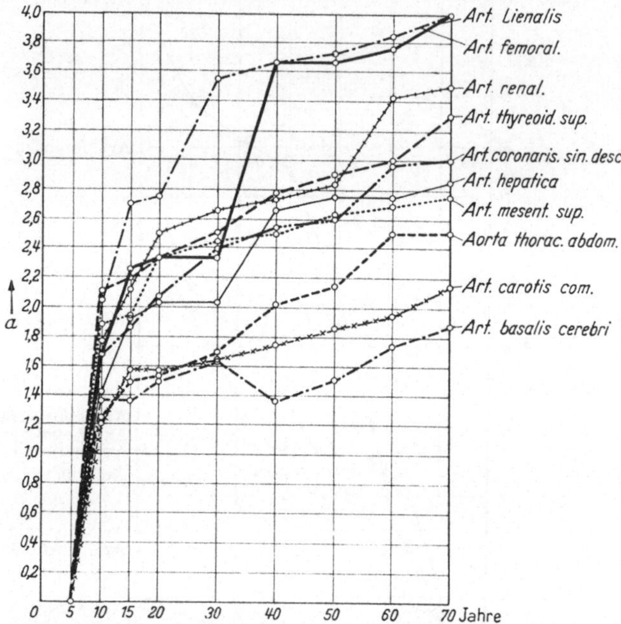

Abb. 4. Relative Mittelwerte der mittleren Wanddicke im Laufe des Lebens.

Sehr stark verdickt ist die Intima der Milzarterie, der Brust-Lendenaorta, der Schenkelarterie und der Halsschlagader (Abb. 5). Bei Gefäßen mit *schwacher Verdickung* hatte sich die *Intima etwa verdreifacht*, bei *stärkerer vervierfacht* und bei *sehr starker etwa versechs- bis versiebenfacht.*

Eine nur geringe Dickenzunahme der Media stellten wir beim linken Herzkranzgefäß, der Hirnbasisarterie, der Halsschlagader und der Brust-Lendenaorta fest. Die *Media* dieser Gefäße hatte im 70. Lebensjahr etwa *um das Eineinhalbfache bis Zweieinhalbfache* an Dicke zugenommen. Gefäße mit starker Dickenzunahme der Media sind die obere Schilddrüsenarterie, die Leberarterie und die obere Mesenterialarterie. *Die Media dieser Gefäße zeigte im 70. Lebensjahr etwa eine Verdreifachung. Um das Vierfache hatte die Media der Nieren-, Milz- und Schenkelarterie zugenommen (Abb. 6).*

Eine nur geringgradige Vergrößerung von r_i zeigten die obere Schilddrüsenarterie, die Halsschlagader und die Hirnbasisarterie. Eine mittlere Zunahme des inneren Radius bestand bei der oberen Mesenterialarterie, der Leberarterie, dem absteigenden Ast des linken Herzkranzgefäßes, der Brust-Lendenaorta und der Nierenarterie. *Eine starke Vergrößerung des inneren Radius zeigten die Milz- und die Schenkelarterie.* In der ersten Gruppe hatte r_i um das Zweifache, in der zweiten Gruppe um das Dreifache und in der dritten um das Vierfache zugenommen (Abb. 7).

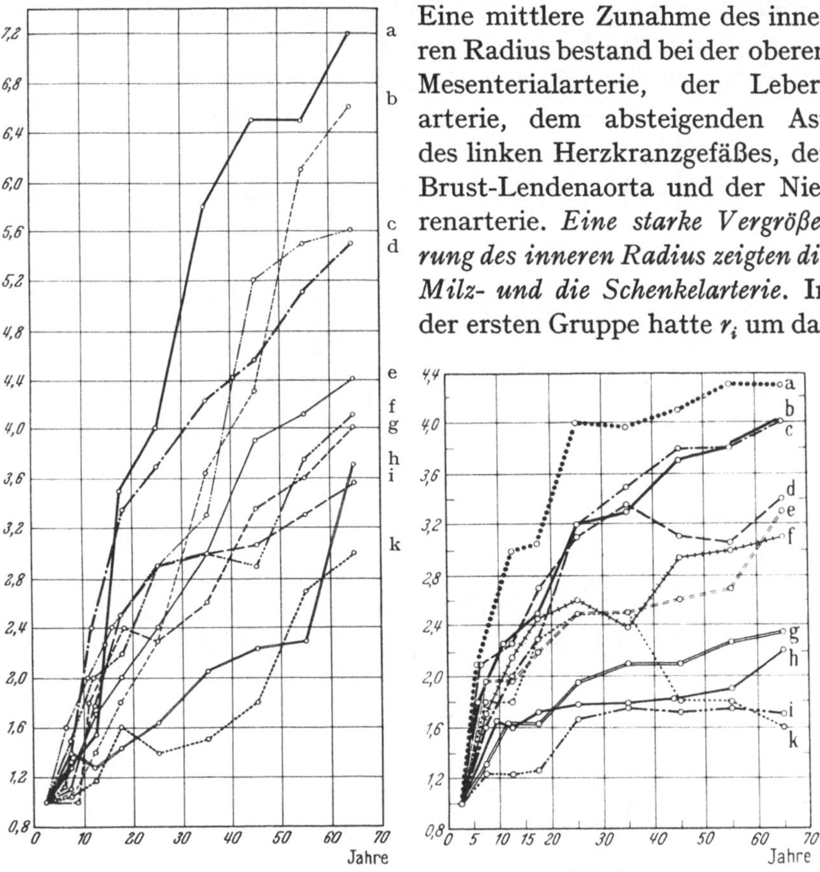

Abb. 5. Abb. 6.

Abb. 5. Relative Dickenzunahme der Intima als Funktion des Lebensalters. a Art. lienalis, b Aorta abdominalis, c Art. femoralis, d Art. carot. comm., e Art. hepatica, f Art. basalis cerebri, g Art. coronar. sin., h Art. renalis, i Art. thyreoidea, k Art. mesent. sup.

Abb. 6. Relative Dickenzunahme der Media als Funktion des Lebensalters. a Art. femoralis, b Art. renalis, c Art. lienalis, d Art. mesent. sup., e Art. thyreoidea, f Art. hepatica, g Aorta abdominalis, h Art. carot. comm., i Art. basalis cereb., k Art. coronar. sin.

Zwischen Vergrößerung des inneren Radius und Zunahme der mittleren Wanddicke besteht ein konstantes Verhältnis, das für das 20. und 70. Lebensjahr gleich ist. Der innere Radius der Halsschlagader, der oberen Schilddrüsenarterie und des absteigenden Astes der linken Herzkranzarterie verhält sich zur mittleren Wanddicke dieser Gefäße wie 3:1. Für die Milz-, Nieren-, Leber- und Schenkelarterie gilt das Verhältnis 4:1, für die obere Mesenterialarterie 5:1, für die Brust-Lendenaorta 6:1 und für die Hirnbasisarterie 8,7:1. *Als Regel gilt, daß bei Verdoppelung der Größe von r_i bei allen von uns untersuchten Gefäßen auch die mittlere Wanddicke a um das*

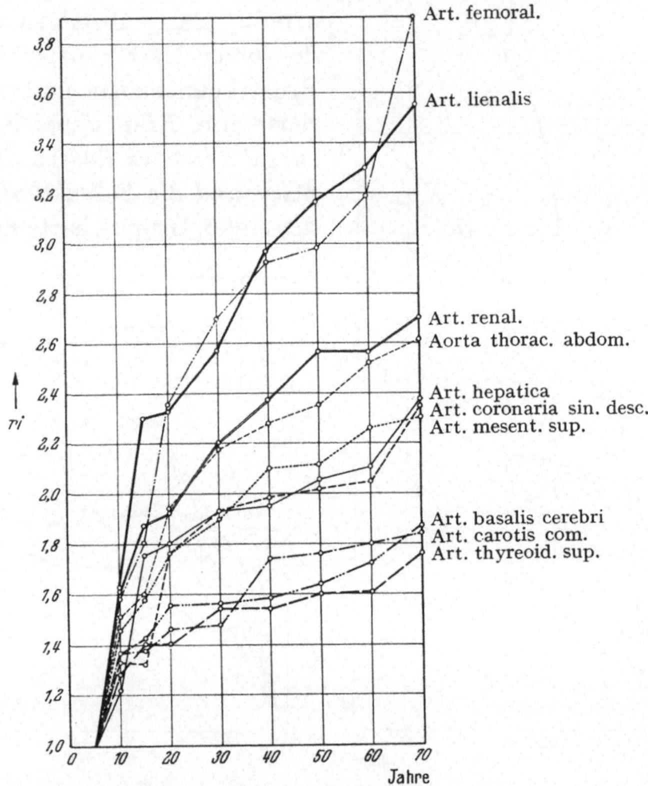

Abb. 7. Mittelwerte des inneren Radius (r_i) ausgedrückt in relativen Zahlen als Funktion des Alters.

Doppelte zunimmt, zwischen Größe des inneren Radius und Dicke der Gefäßwand also eine direkte Abhängigkeit besteht.

Bei Untersuchung des Verhältnisses O_i: V gingen wir von der Vorstellung aus, daß die Durchflutung der Gefäßwand im wesentlichen von 2 Faktoren bestimmt wird: einerseits von der Stärke der Wanddicke bzw. dem Wandvolumen, andererseits von der Größe der inneren Oberfläche. Von nicht geringerer Bedeutung für die Durchflutung der Gefäßwand sind darüber hinaus weitere, morphologisch jedoch nicht faßbare Faktoren, wie Höhe des Blutdruckes, Durchlässigkeit des Endothels, Weite der Saftlücken, physikalischer und chemischer Zustand der sie ausfüllenden flüssigen oder kolloidalen Substanzen mit ihren Kräften der chemischen Affinität und Oberflächenadsorption. Der Abtransport der Schlacken und die Zufuhr von Nährstoffen und Sauerstoff ist im wesentlichen aber von Oberfläche und Volumen der Gefäßwand abhängig. Das Verhältnis beider Größen zueinander stellt deshalb einen Maßstab für die Größe der Durchströmungsfähigkeit der Gefäßwand dar. Bei alternsbedingter Radius- und Volumenzunahme wird dieses Größenverhältnis eine Änderung erfahren. *Wir stellten fest, daß die Durchströmungsfähigkeit der Gefäßwand vom 1. bis zum 20. bzw. 30. Lebensjahr ganz erheblich abnimmt und danach bis zum 70. Lebensjahr im wesentlichen konstant bleibt.* Eine starke Verminderung der inneren Durchflutung zeigten die Schenkelarterie, die obere Schilddrüsenarterie, die Milz- und Nierenarterie. Die Durchströmungsfähigkeit der oberen Mesenterialarterie, der Leberarterie und des absteigenden Astes des linken Herzkranzgefäßes war wenig, die der Brust- und Lendenaorta, der Halsschlagader und der Hirnbasisarterie nur geringgradig vermindert. Inwieweit sich dieses Verhalten auf die Histoarchitektur der Gefäßwand auswirkt, wird im zweiten Teil der Arbeit beschrieben.

Aus den hier mitgeteilten Messungsergebnissen sind hinsichtlich des Alternsablaufes der Gefäße folgende Gesetzmäßigkeiten abzuleiten:

1. Die mittlere Wanddicke sämtlicher von uns untersuchter Gefäße zeigt vom 20.—70. Lebensjahr eine konstante Dickenzunahme um etwa 50%.

2. Die Zunahme der mittleren Wanddicke erfolgt in direkter Abhängigkeit von der Größe des inneren Radius. Bei Verdoppelung des inneren Radius erfährt auch die mittlere Wanddicke eine Verdoppelung.

3. Das Verhältnis von innerem Radius zu mittlerer Gefäßwanddicke ist im 20. und 70. Lebensjahr konstant.

4. Die Dicke der Intima verhält sich im 70. Lebensjahr bei allen von uns untersuchten Gefäßen zur Dicke der Media etwa wie 1:5.

5. Das Verhältnis von innerer Oberfläche zum Volumen der Gefäßwand ist nach Abschluß des Körperlängenwachstums etwa konstant.

6. Die Zunahme des Wandvolumens der Schenkelarterie und des absteigenden Astes der linken Herzkranzarterie steht in direkter Abhängigkeit von der Größe des Herzgewichtes.

7. Der Volumenzuwachs der Milz- und Nierenarterie ist direkt von der Größe des Milz- und Nierengewichtes abhängig.

8. Die Zunahme des Wandvolumens der Schenkelarterie erfolgt in direkter Abhängigkeit vom Konstitutionstyp und der Körperlänge.

3. Kurvenanhang.

a) *Brust-Lendenaorta.*

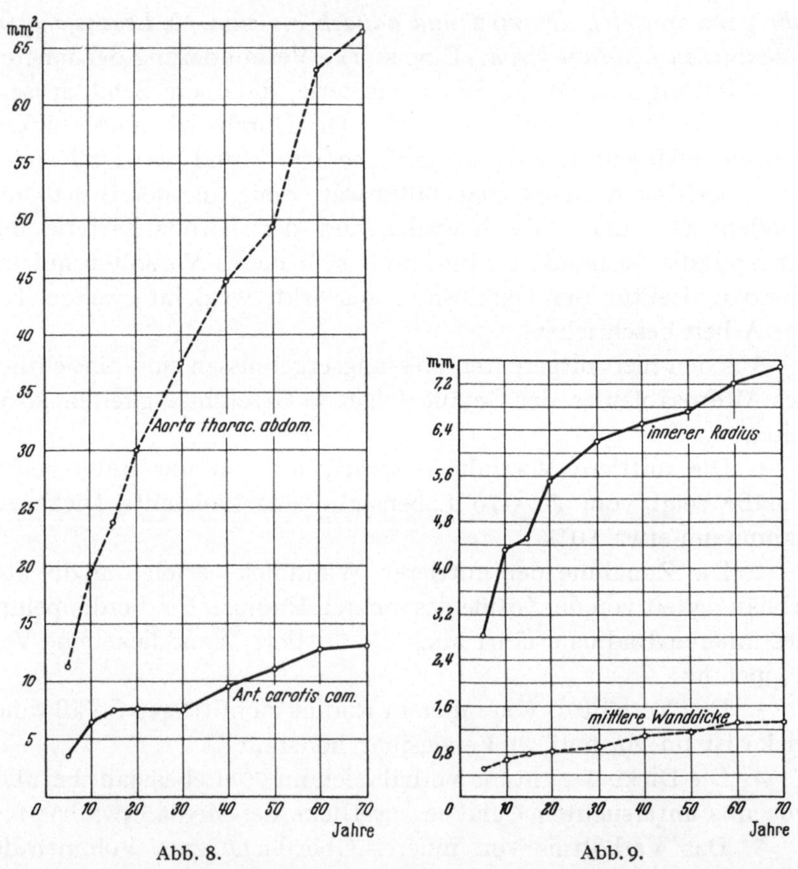

Abb. 8. Abb. 9.

Abb. 8. Volumenzuwachs der Gefäßwand im Laufe des Lebens.

Abb. 9. Aorta thorac. abdom. Zuwachs der mittleren Wanddicke und des inneren Radius im Laufe des Lebens.

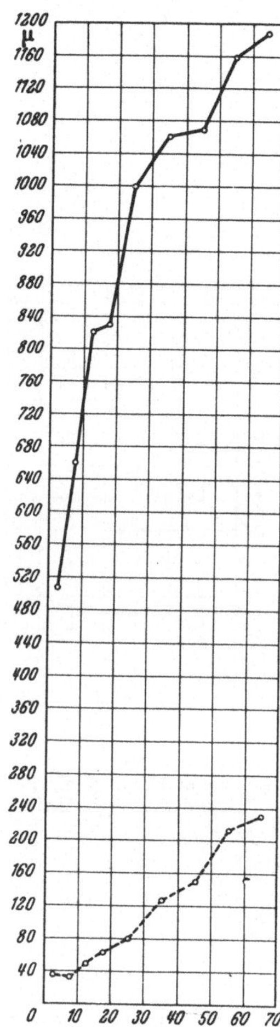

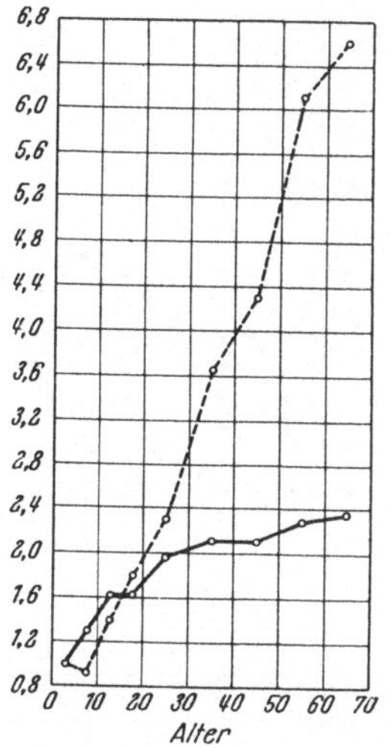

Abb. 11. Brust-Lendenaorta. Dickenzunahme der Wandschichten. (Relative Werte.) —— Media, ----- Intima.

Abb. 10. Brust-Lendenaorta. Dickenzunahme der Wandschichten im Laufe des Lebens. —— Media, ----- Intima.

b) *Art. carotis communis.*

Volumenzunahme der Arteria carotis communis s. Abb. 8.

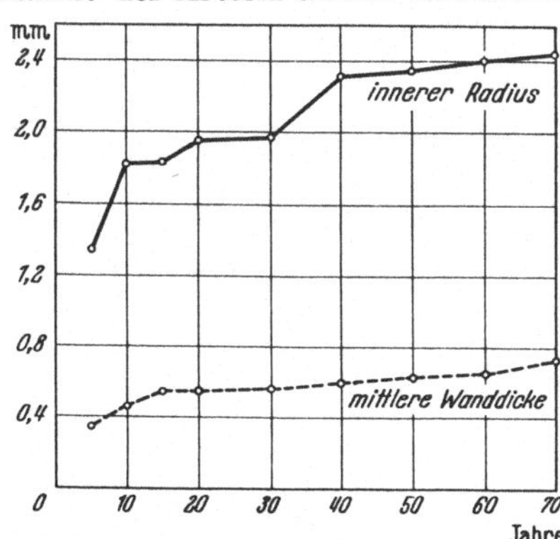

Abb. 12. Art. carotis com. Zuwachs der mittleren Wanddicke und des inneren Radius im Laufe des Lebens.

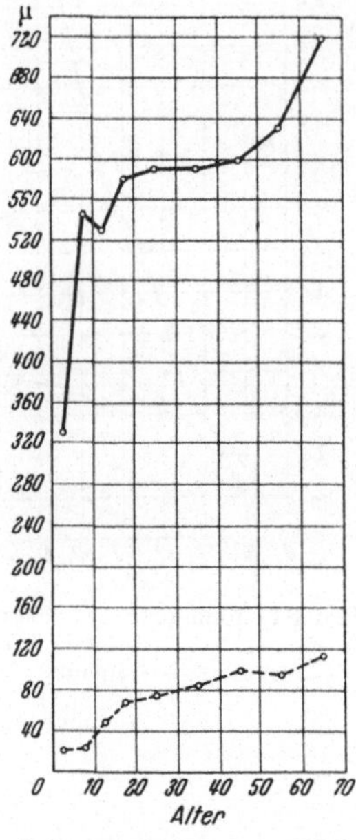

Abb. 13. Art. carotis comm. Dickenzunahme der Wandschichten im Laufe des Lebens. —— Media, ----- Intima.

Abb. 14. Art. carotis comm. Dickenzunahme der Wandschichten. (Relative Werte.) —— Media, ----- Intima.

c) *Art. femoralis.*

Abb. 15. Volumenzuwachs der Gefäßwand im Laufe des Lebens.

Abb. 16. Art. femoralis. Zuwachs der mittleren Wanddicke und des inneren Radius im Laufe des Lebens.

Abb. 17. Art. femoralis. Dickenzunahme der Wandschichten im Laufe des Lebens. —— Media, ----- Intima, ... Adventitia.

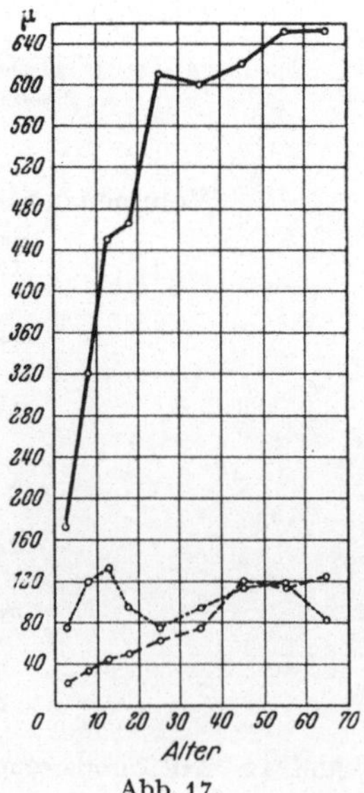

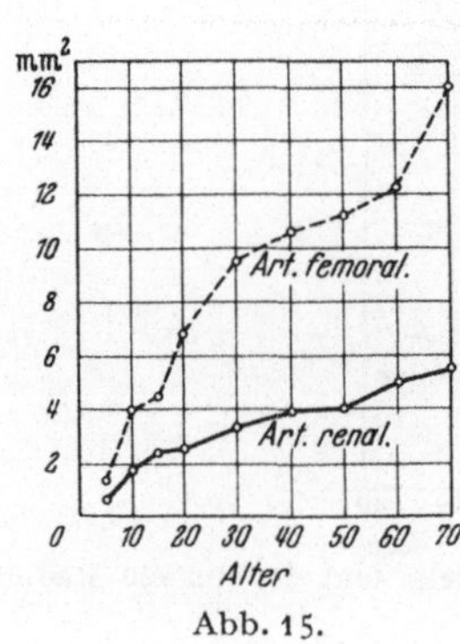

Abb. 15.

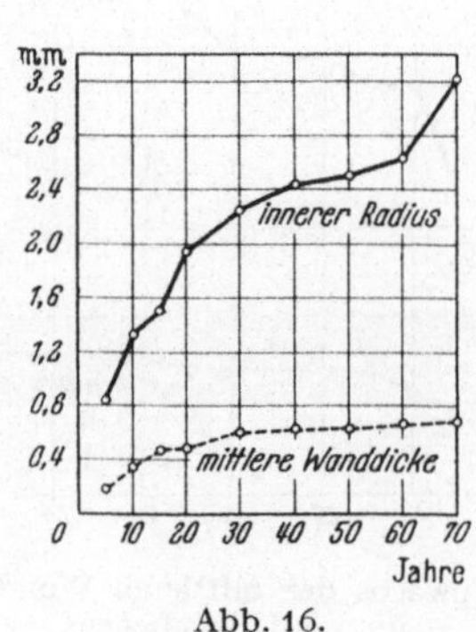

Abb. 16.

Abb. 17.

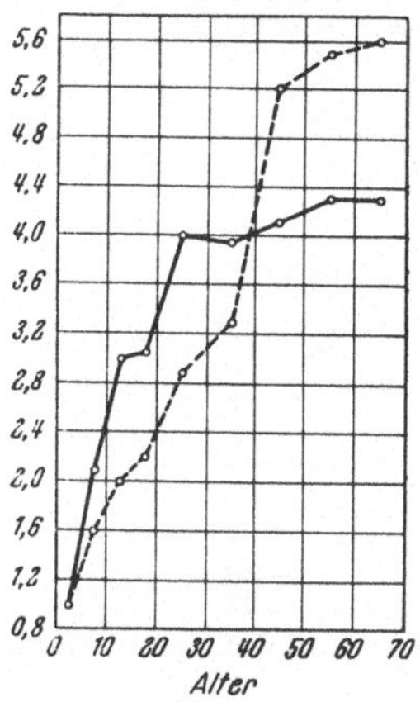

Abb. 18.

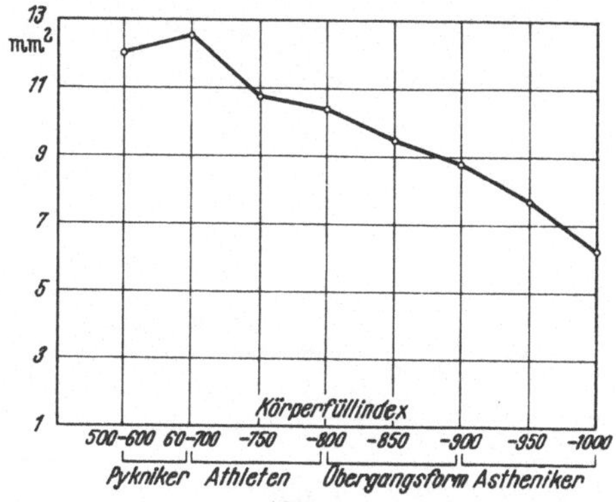

Abb. 19.

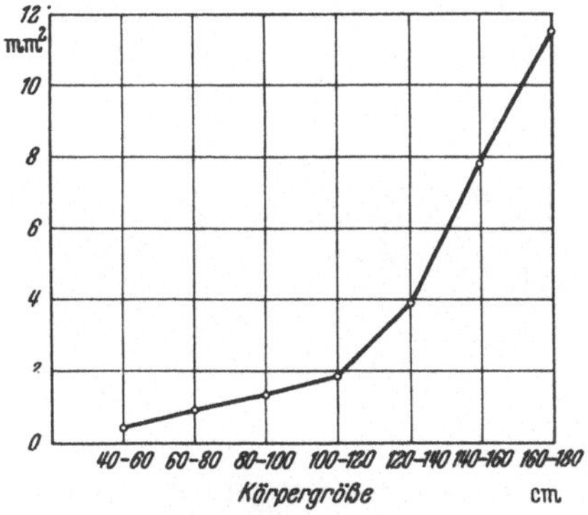

Abb. 20.

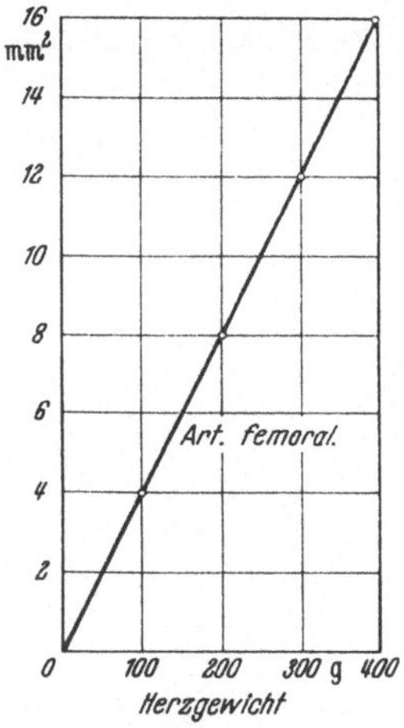

Abb. 21.

Abb. 18. Art. femoralis. Dickenzunahme der Wandschichten. (Relative Werte.)

Abb. 19. Art. femoralis. Gefäßwandvolumen in Abhängigkeit vom Körperfüllenindex.

Abb. 20. Art. femoralis. Volumenzuwachs der Gefäßwand in Abhängigkeit von der Körpergröße.

Abb. 21. Abhängigkeit des Gefäßwandvolumens von der Größe des Herzgewichtes.

d) *Art. mesenterica superior.*

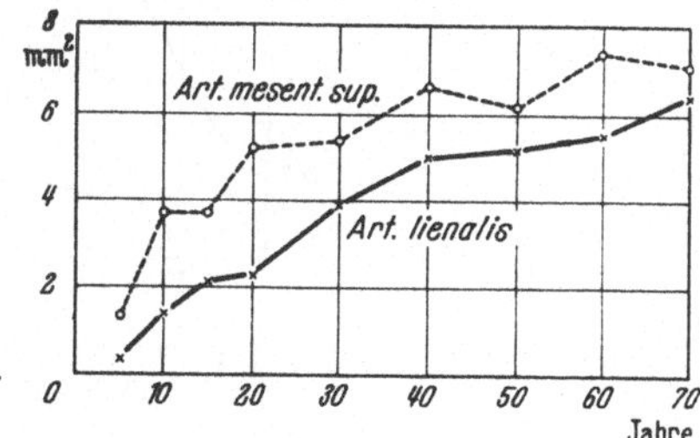

Abb. 22. Volumenzuwachs der Gefäßwand im Laufe des Lebens.

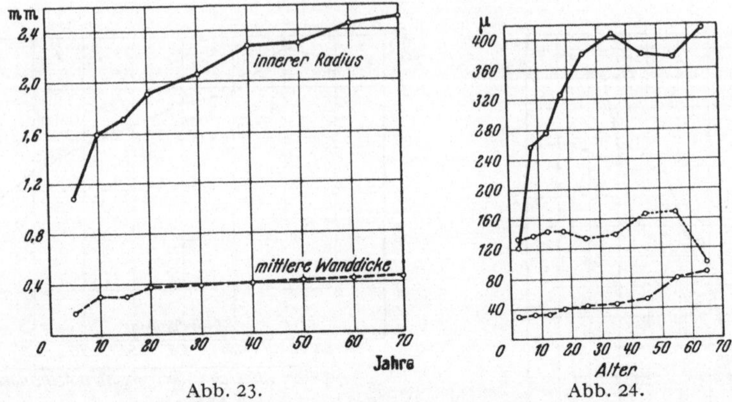

Abb. 23. Abb. 24.

Abb. 23. Art. mesent. sup. Zuwachs der mittleren Wanddicke und des inneren Radius im Laufe des Lebens.

Abb. 24. Art. mesent. sup. Dickenzunahme der Wandschichten im Laufe des Lebens. —— Media, ----- Intima, ----- Adventitia.

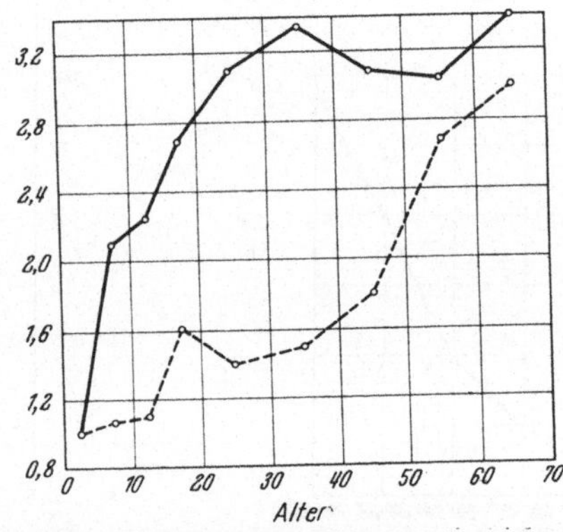

Abb. 25. Art. mesent. sup. Dickenzunahme der Wandschichten. (Relative Werte.) —— Media, ----- Intima.

e) *Art. lienalis.*

Volumenzunahme der Arteria lienalis als Funktion des Lebensalters s. Abb. 22.

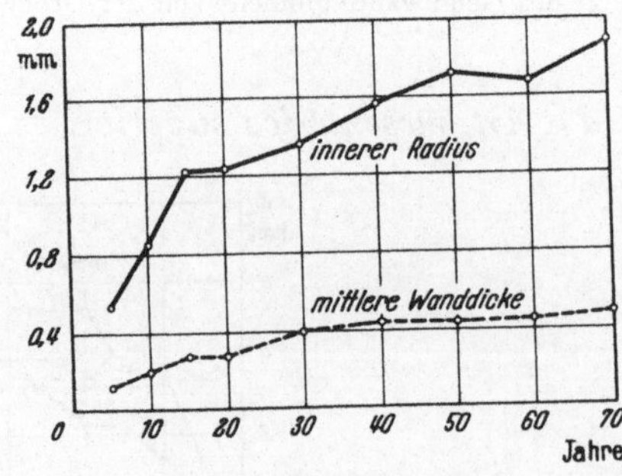

Abb. 26. Art. lienalis. Zuwachs der mittleren Wanddicke und des inneren Radius im Laufe des Lebens.

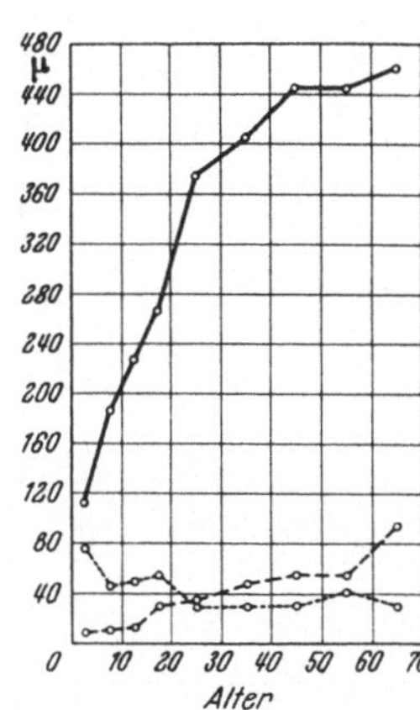

Abb. 27. Art. lienalis. Dickenzunahme der Wandschichten im Laufe des Lebens.

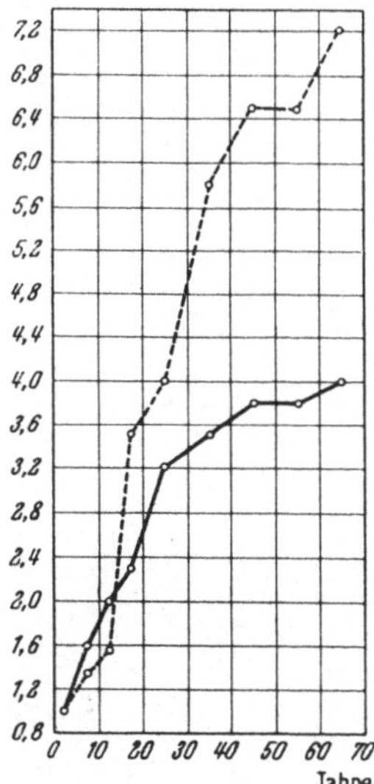

Abb. 28. Art. lienalis. Dickenzunahme der Wandschichten. (Relative Werte.)

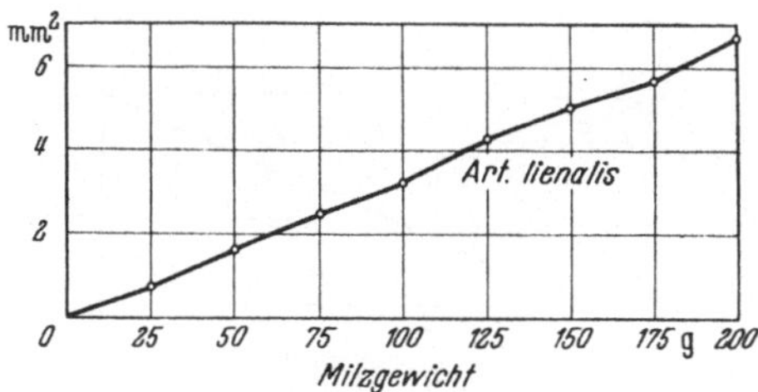

Abb. 29. Abhängigkeit zwischen Gefäßwandvolumen und Milzgewicht.

f) *Art. renalis.*

Volumenzunahme der Arteria renalis als Funktion des Lebensalters

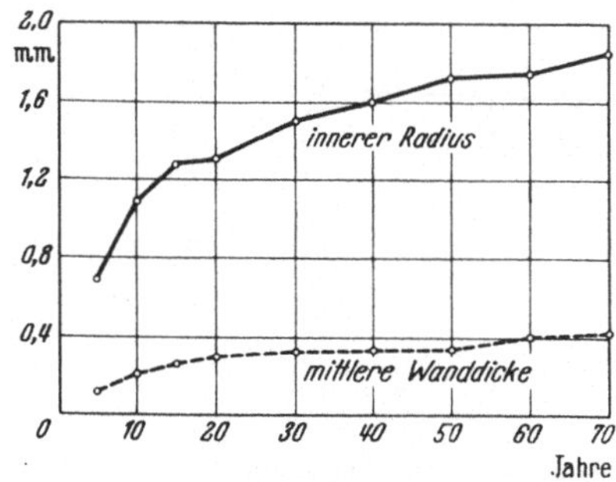

Abb. 30. Art. renalis. Zuwachs der mittleren Wanddicke und des inneren Radius im Laufe des Lebens.

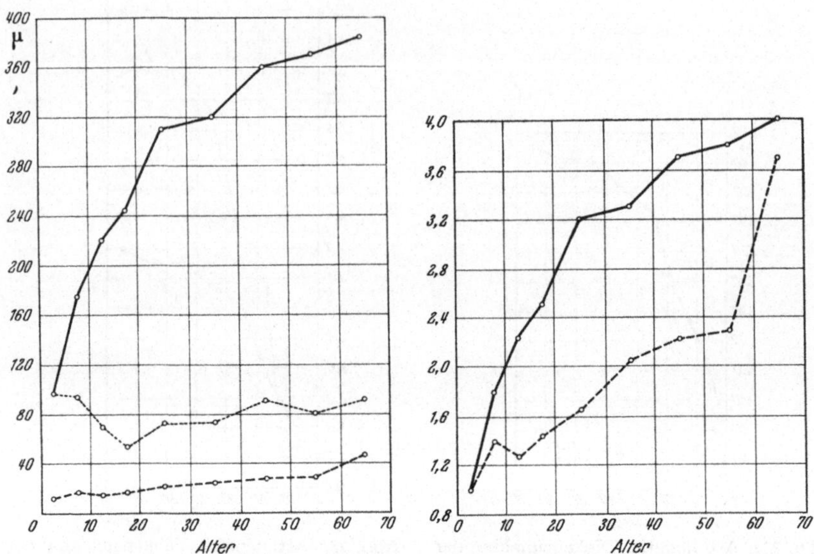

Abb. 31. Art. renalis. Dickenzunahme der Wandschichten im Laufe des Lebens.

Abb. 32. Art. renalis. Dickenzunahme der Wandschichten. (Relative Werte.)

—— Media, ----- Intima, ... Adventitia.

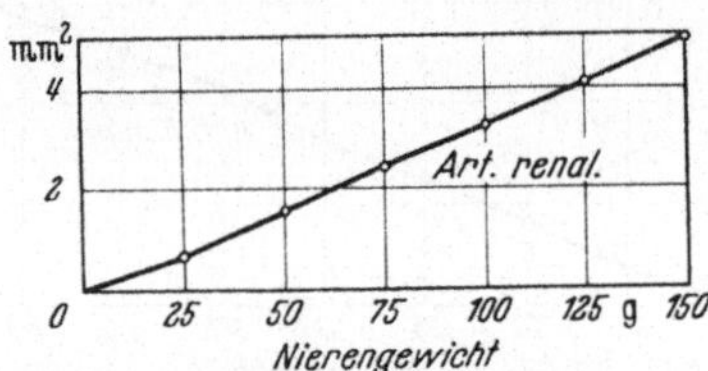

Abb. 33. Abhängigkeit zwischen Gefäßwandvolumen und Nierengewicht.

g) *Art. hepatica.*

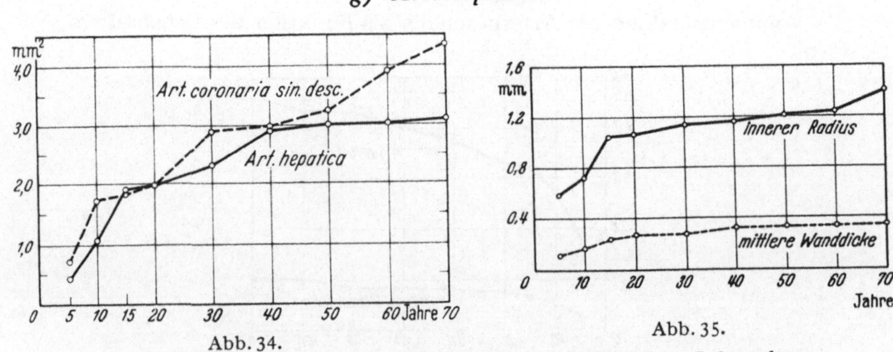

Abb. 34.

Abb. 35.

Abb. 34. Volumenzunahme der Art. hepatica als Funktion des Lebensalters.

Abb. 35. Art. hepatica. Zuwachs der mittleren Wanddicke und des inneren Radius im Laufe des Lebens.

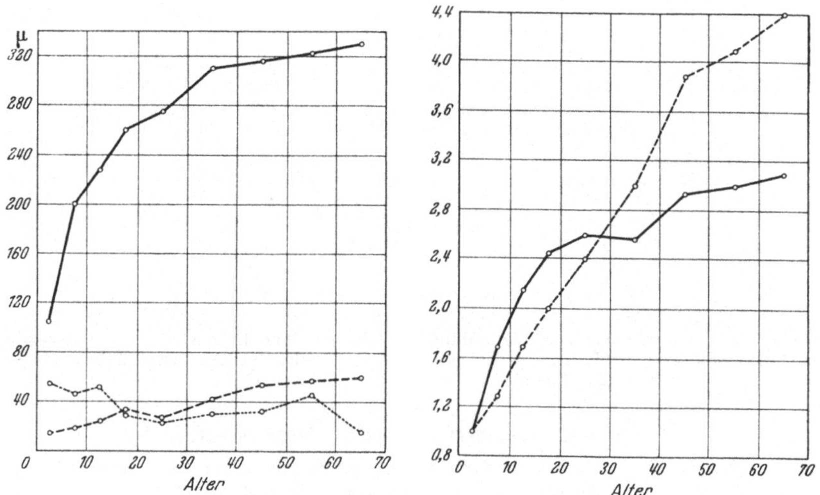

Abb. 36. Art. hepatica. Dickenzunahme der Wandschichten im Laufe des Lebens.

Abb. 37. Art. hepatica. Dickenzunahme der Wandschichten. (Relative Werte.)

—— Media, ---- Intima, ... Adventitia.

h) *Art. thyreoidea superior.*

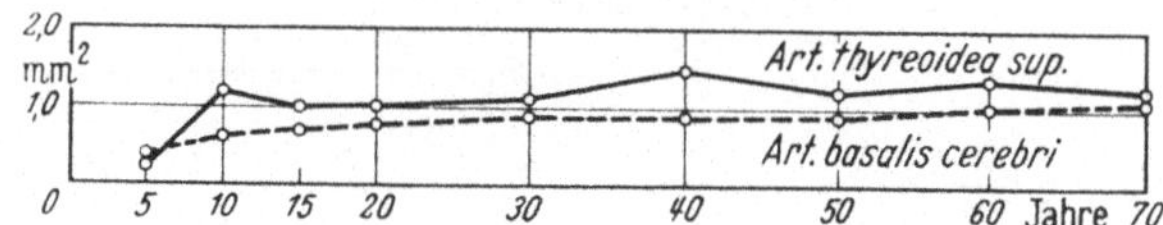

Abb. 38. Volumenzunahme der Art. thyreoidea sup. als Funktion des Lebensalters.

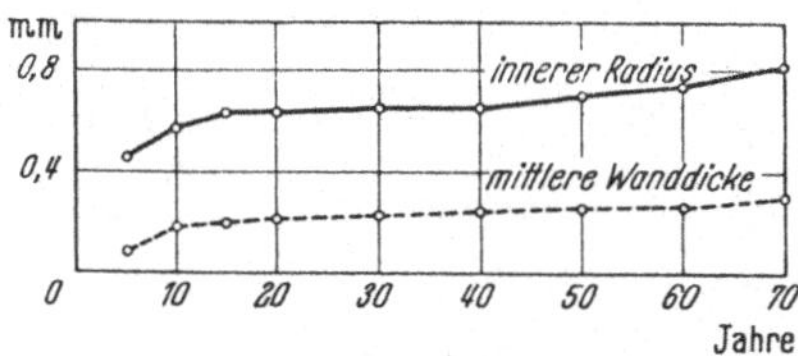

Abb. 39. Art. thyr. sup. Zuwachs der mittleren Wanddicke und des inneren Radius im Laufe des Lebens.

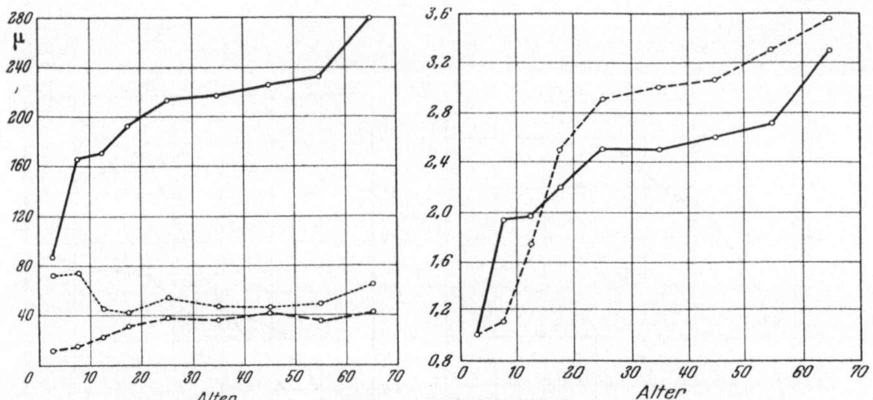

Abb. 40. Art. thyr. sup. Dickenzunahme der Wandschichten im Laufe des Lebens.

Abb. 41. Art. thyr. sup. Dickenzunahme der Wandschichten. (Relative Werte.)

—— Media, ----- Intima, ... Adventitia.

i) Art. coronaria sinistra descendens.

Volumenzunahme der Arteria coronaria sinistra descendens als Funktion des Lebensalters s. Abb. 34.

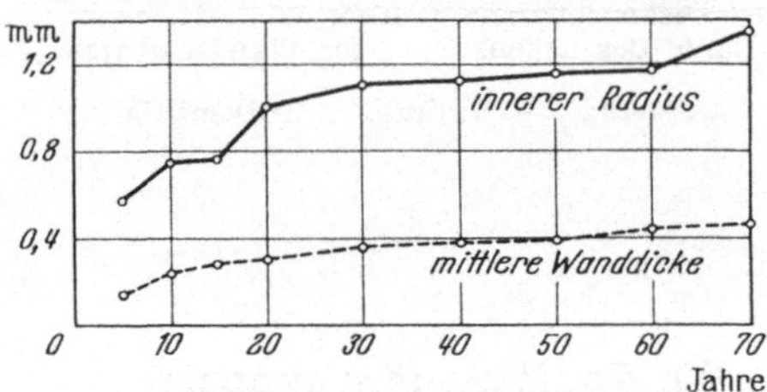

Abb. 42. Art. cor. sin. desc. Zuwachs der mittleren Wanddicke und des inneren Radius im Laufe des Lebens.

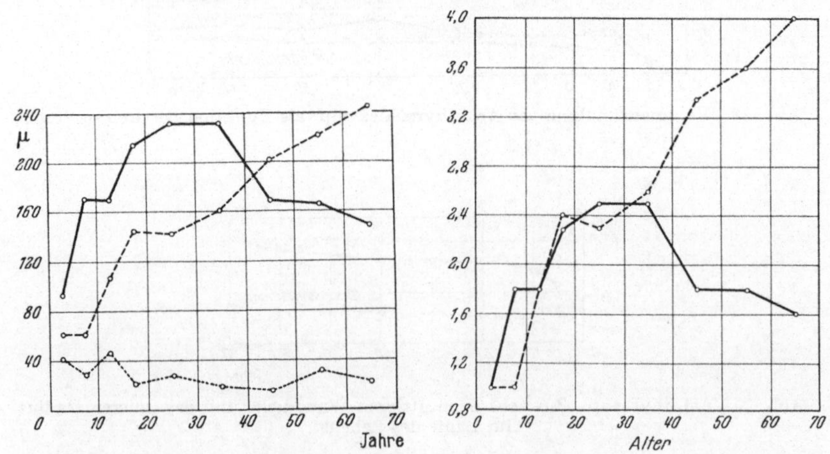

Abb. 43. Art. cor. sin. desc. Dickenzunahme der Wandschichten im Laufe des Lebens.

Abb. 44. Art. cor. sin. desc. Dickenzunahme der Wandschichten. (Relative Werte.)

—— Media, ----- Intima, ... Adventitia.

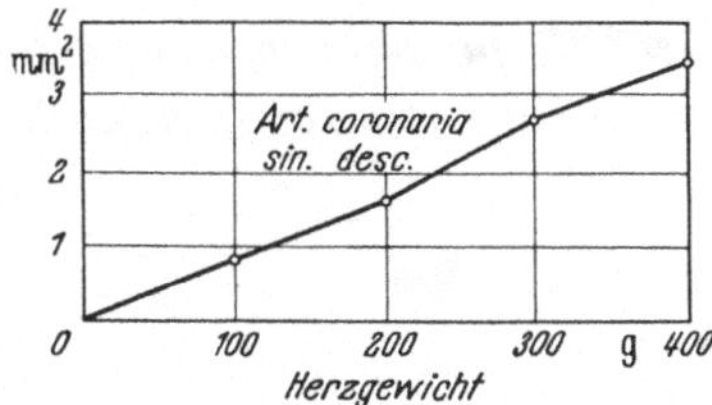

Abb. 45. Abhängigkeit zwischen Gefäßwandvolumen und Herzgewicht.

j) *Art. basalis cerebri.*

Volumenzunahme der Arteria basalis cerebri als Funktion des Lebensalters s. Abb. 38.

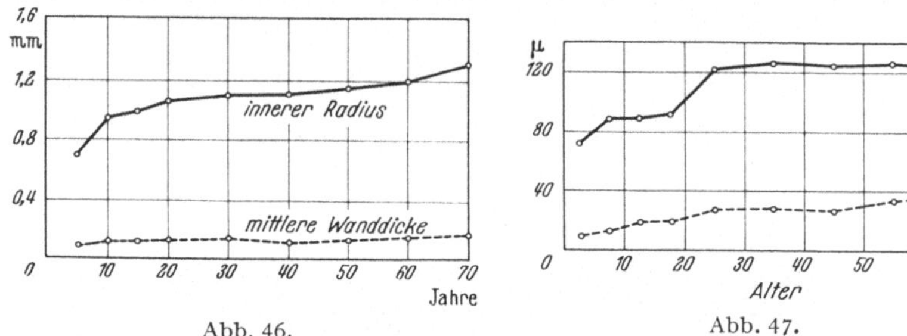

Abb. 46.

Abb. 47.

Abb. 46. Art. basalis cerebri. Zuwachs der mittleren Wanddicke und des inneren Radius im Laufe des Lebens.

Abb. 47. Art. basalis cerebri. Dickenzunahme der Wandschichten im Laufe des Lebens.

—— Media, ----- Intima.

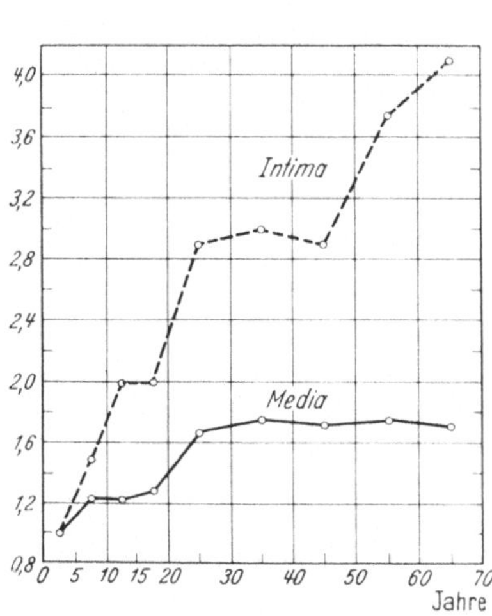

Abb. 48. Art. basalis cerebri. Dickenzunahme der Wandschichten. (Relative Werte.)

k) *Verhältnis der inneren Gefäßwandoberfläche zum Volumen der Gefäßwand als Funktion des Lebensalters.*

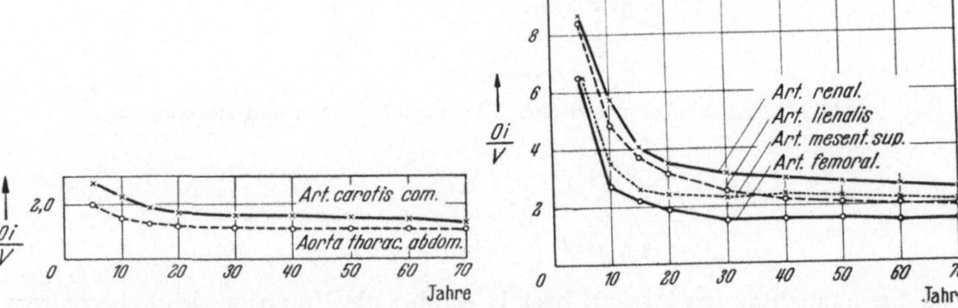

Abb. 49. Verhältnis der inneren Gefäßoberfläche (*Oi*) zum Volumen (*V*) der Gefäßwand im Laufe des Lebens.

Abb. 50. Verhältnis der inneren Gefäßoberfläche (*Oi*) zum Volumen (*V*) der Gefäßwand im Laufe des Lebens.

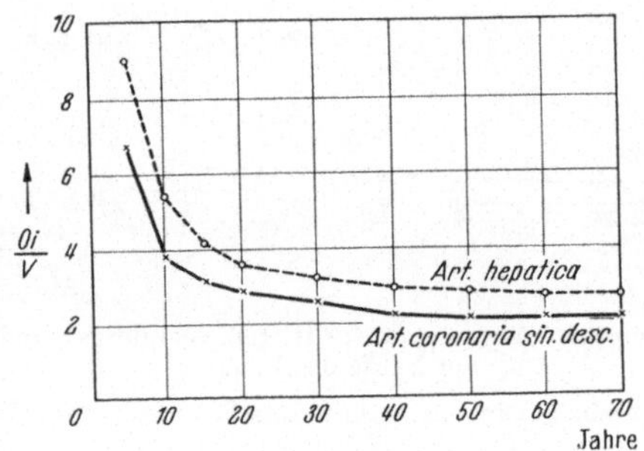

Abb. 51. Verhältnis der inneren Gefäßoberfläche (*Oi*) zum Volumen (*V*) der Gefäßwand im Laufe des Lebens.

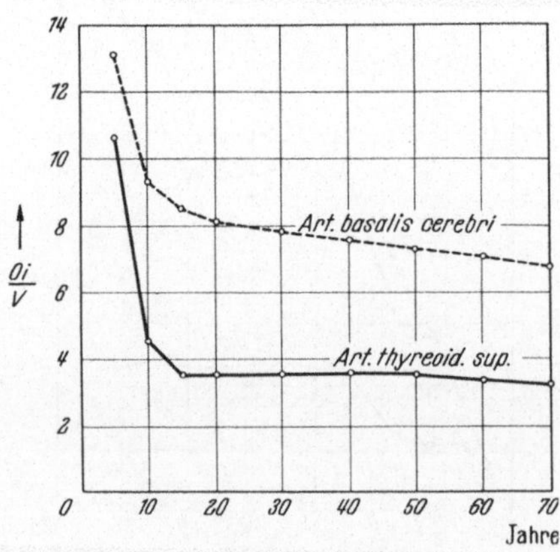

Abb. 52. Verhältnis der inneren Gefäßoberfläche (*Oi*) zum Volumen (*V*) der Gefäßwand im Laufe des Lebens.

l) Verhältnis von mittlerer Gefäßwanddicke zum inneren Radius.

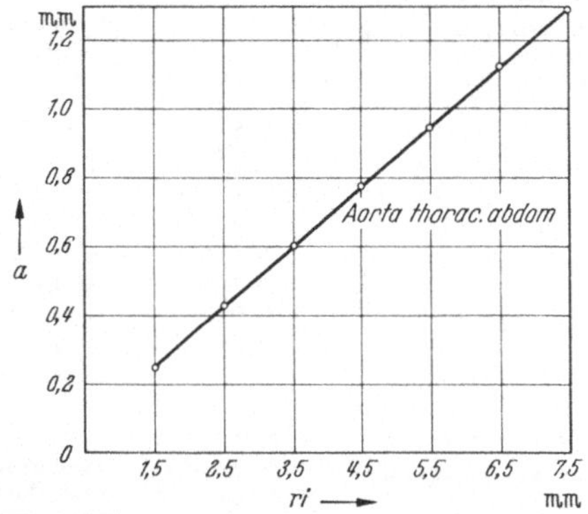

Abb. 53. Verhältnis von mittlerer Wanddicke (a) zum inneren Radius (ri).

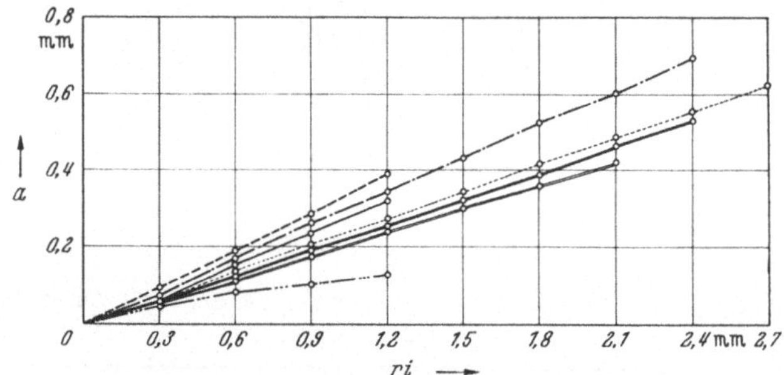

Abb. 54. Verhältnis von mittlerer Wanddicke (a) zum inneren Radius (ri).
- - - - Art. coronaria sinistra descendens; —·— Art. carotis communis; —— Art. hepatica; ····· Art. femoralis; ▬▬ A t. lienalis; ═══ Art. renalis; —···—Art. basalis cerebri.

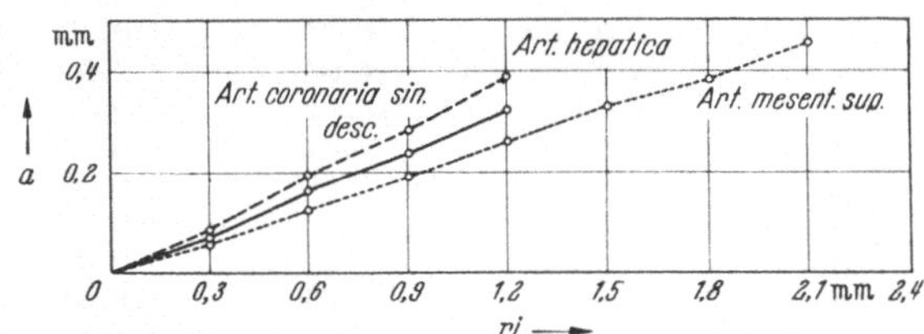

Abb. 55. Verhältnis von mittlerer Wanddicke (a) zum inneren Radius (ri).

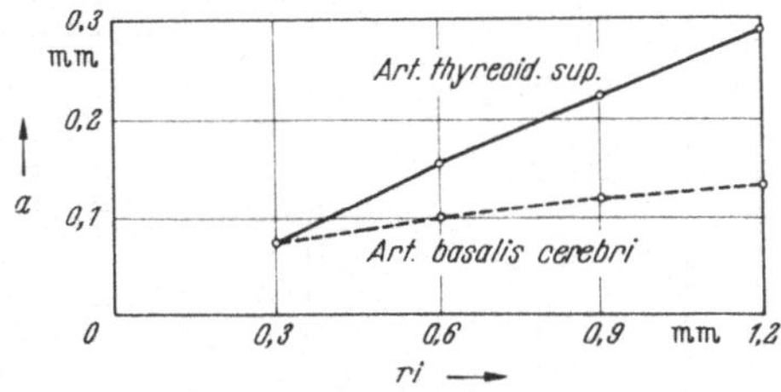

Abb. 56. Verhältnis von mittlerer Wanddicke (a) zum inneren Radius (ri).

Tabelle 1. *Mittlere quadratische Fehler der Mittelwerte des Gefäßwandvolumens.*

Alter	Aorta thor.-abdominalis	Art. carotis communis	Art. femoralis	Art. mesent. superior	Art. lienalis
0—4	±0,36	±0,26	±1,37	±0,10	±0,02
5—10	±1,24	±0,30	±0,25	±0,31	±0,09
11—15	±1,57	±0,40	±0,47	±0,24	±0,04
16—20	±1,95	±0,60	±0,50	±0,37	±0,08
21—30	±2,23	±0,58	±0,53	±0,12	±0,06
31—40	±2,32	±0,64	±0,79	±0,48	±0,03
41—50	±1,32	±0,66	±0,92	±0,40	±0,05
51—60	±2,14	±0,96	±0,95	±0,57	±0,04
61—70	±2,32	±0,90	±1,31	±0,47	±0,09

Alter	Art. renalis	Art. hepatica	Art. thyreoidea superior	Art. coron. sinist. desc.	Art. basalis cerebri
0—4	±0,04	±0,04	±0,02	±0,03	±0,02
5—10	±0,12	±0,10	±0,07	±0,05	±0,04
11—15	±0,15	±0,13	±0,07	±0,14	±0,03
16—20	±0,17	±0,16	±0,09	±0,17	±0,07
21—30	±0,26	±0,14	±0,11	±0,25	±0,06
31—40	±0,29	±0,27	±0,10	±0,24	±0,06
41—50	±0,20	±0,26	±0,12	±0,31	±0,02
51—60	±0,34	±0,20	±0,11	±0,11	±0,09
61—70	±0,40	±0,26	±0,08	±0,30	±0,09

Tabelle 2. *Mittlere quadratische Fehler der Mittelwerte der mittleren Gefäßwanddicke.*

Alter	Aorta thor.-abdominalis	Art. carotis communis	Art. femoralis	Art. mesent. superior	Art. lienalis
0—4	±0,02	±0,01	±0,01	±0,01	±0,008
5—10	±0,01	±0,02	±0,05	±0,04	±0,04
11—15	±0,05	±0,05	±0,05	±0,02	±0,03
16—20	±0,04	±0,04	±0,02	±0,02	±0,01
21—30	±0,07	±0,02	±0,02	±0,01	±0,01
31—40	±0,04	±0,03	±0,03	±0,03	±0,02
41—50	±0,03	±0,04	±0,04	±0,02	±0,02
51—60	±0,02	±0,03	±0,04	±0,02	±0,02
61—70	±0,03	±0,01	±0,01	±0,01	±0,03

Alter	Art. renalis	Art. hepatica	Art. thyreoidea superior	Art. coron. sinist. desc.	Art. basalis cerebri
0—4	±0,008	±0,009	±0,007	±0,01	±0,007
5—10	±0,04	±0,03	±0,03	±0,02	±0,03
11—15	±0,03	±0,02	±0,03	±0,02	±0,01
16—20	±0,04	±0,03	±0,02	±0,02	±0,01
21—30	±0,02	±0,02	±0,01	±0,01	±0,02
31—40	±0,01	±0,02	±0,01	±0,01	±0,006
41—50	±0,02	±0,02	±0,02	±0,03	±0,01
51—60	±0,02	±0,02	±0,02	±0,03	±0,01
61—70	±0,03	±0,02	±0,01	±0,03	±0,01

Tabelle 3. *Mittlere quadratische Fehler der Mittelwerte des inneren Gefäßradius.*

Alter	Aorta thor.-abdominalis	Art. carotis communis	Art. femoralis	Art. mesent. superior	Art. lienalis
0—4	±0,16	±0,08	±0,06	±0,09	±0,04
5—10	±0,30	±0,14	±0,08	±0,16	±0,08
11—15	±0,11	±0,13	±0,10	±0,17	±0,01
16—20	±0,06	±0,04	±0,17	±0,17	±0,07
21—30	±0,26	±0,13	±0,10	±0,11	±0,02
31—40	±0,18	±0,07	±0,11	±0,11	±0,40
41—50	±0,21	±0,02	±0,18	±0,10	±0,11
51—60	±0,28	±0,07	±0,18	±0,13	±0,09
61—70	±0,40	±0,04	±0,30	±0,17	±0,03

Alter	Art. renalis	Art. hepatica	Art. thyreoidea superior	Art. coron. sinist. desc.	Art. basalis cerebri
0—4	±0,05	±0,05	±0,04	±0,01	±0,06
5—10	±0,02	±0,06	±0,02	±0,02	±0,05
11—15	±0,06	±0,10	±0,04	±0,09	±0,10
16—20	±0,02	±0,07	±0,02	±0,02	±0,06
21—30	±0,07	±0,10	±0,04	±0,08	±0,12
31—40	±0,11	±0,03	±0,05	±0,10	±0,09
41—50	±0,13	±0,10	±0,04	±0,02	±0,10
51—60	±0,10	±0,07	±0,05	±0,08	±0,10
61—70	±0,07	±0,11	±0,03	±0,14	±0,11

Für Hilfe und Beratung bei der Durchführung der mathematischen Berechnungen danke ich an dieser Stelle Herrn Dipl.-Physiker U. Hauser, II. Physikalisches Institut der Universität Heidelberg, sowie Herrn Dr. Söhngen, Technische Hochschule Darmstadt.

C. Der alternsbedingte Strukturwandel elastischer und muskulärer Arterien.

Nachdem wir im 1. Teil die Größe des Volumenzuwachses, des inneren Radius und der mittleren Wanddicke elastischer und muskulärer Arterien teils planimetrisch, teils okularmikrometrisch in Abhängigkeit vom Alter und anderen Faktoren bestimmt haben, wollen wir im *2. Teil* die den Änderungen der Gefäßwanddicke zugrunde liegenden, alternsbedingten Umbauprozesse der Gefäße feingeweblich untersuchen.

Bei Durchsicht des einschlägigen Schrifttums findet man nur wenige Arbeiten, die sich mit der Morphologie der physiologischen Wachstums- und Alternsveränderungen der Blutgefäße beschäftigen. Die meisten diesbezüglichen Arbeiten sind älteren Datums (Hallenberger 1906, Schmiedel 1907, Wolkoff 1923). Besonders häufig ist die Aorta untersucht (Grünstein, Aschoff, Jores, Voigts, Schwarz). Über die Alternsveränderungen der Extremitätenarterien, der Nieren-, Milz- und Leberarterien, der Herzkranz- und

Schilddrüsengefäße und Hirnbasisarterien sind wir dagegen nur unzureichend unterrichtet. Aus dem Bedürfnis heraus die meist in der Intima lokalisierten krankhaften Vorgänge, gegenüber normalen Veränderungen schärfer abzugrenzen, haben sich die meisten Autoren bisher fast ausschließlich mit den Umbauprozessen der inneren Gefäßwandschicht beschäftigt und denen von Media und Adventitia nur wenig oder gar keine Beachtung geschenkt. Wir haben deshalb, besonders im Hinblick darauf, daß die Media als Funktionsträgerin der Gefäßwand hinsichtlich Kontraktion und Elastizität die am meisten beanspruchte Wandschicht darstellt und deshalb auch am frühesten Strukturänderungen aufweisen wird, unsere Untersuchungen nicht nur auf die Intima, sondern in besonderem Maße auch auf die Media ausgedehnt. Im einzelnen ergeben sich aus unseren Untersuchungen eine ganze Reihe grundsätzlicher Fragen, die in folgenden Punkten zusammengefaßt werden können:

a) Lassen sich auf Grund inzwischen erweiterter und verbesserter histologischer und histochemischer Untersuchungsmethoden neue Befunde hinsichtlich des Wandaufbaues elastischer und muskulärer Gefäße erheben?

b) Welche geweblichen Bestandteile der Gefäßwand sind an dem alternsbedingten Volumenzuwachs der Gefäße beteiligt?

c) Wie verhalten sich die elastischen, kollagenen und Muskelfasern im Ablauf dieses Gefäßwachstums?

d) Welche Vorgänge liegen der sog. Aufspaltung der inneren elastischen Lamelle zugrunde?

e) Unter welchen Bedingungen kommt es in der Intima zur Faserentwicklung und wie hat man sich das Wachstum der Intima vorzustellen?

f) Lassen sich aus dem feingeweblichen Bild Anhaltspunkte für das Vorliegen besonderer Wachstumsformen der Intima gewinnen?

g) Welche Beziehungen bestehen zwischen dem Grad der Intimaverdickung und dem Umfang sog. „degenerativer“ Mediaveränderungen?

h) Lassen sich die alternsbedingten Gefäßwandveränderungen von atherosklerotischen Gefäßwandprozessen abgrenzen?

1. Methode.

Untersucht werden insgesamt 2000 Gefäße von Personen verschiedener Altersstufen:

Es sind das: die Brust-, Lendenaorta, die Halsschlagader, die Schenkelarterie, die obere Eingeweidearterie, die Milz-, Nieren- und Leberarterie, die obere Schilddrüsenarterie, das obere Drittel des absteigenden Astes der linken Herzkranzarterie und die Hirnbasisarterie.

Nach 24stündiger Fixation in 10%igem Formalin werden die Gefäßstücke über Aceton in Paraffin eingebettet.

Folgende Färbungen gelangen zur Anwendung: 1. Hämatoxylin-Eosin, 2. Eisenhämatoxylin, 3. Elastica-van Gieson, 4. Bindegewebsversilberung nach GOMORI.

Über die Ergebnisse der histochemischen Untersuchungen wird im letzten Teil der Arbeit berichtet. Es wird dort auch die Anwendung der histochemischen Methoden im einzelnen ausführlich besprochen. Im folgenden werden die im Ablauf der postembryonalen Gefäßentwicklung auftretenden Strukturveränderungen der Gefäßwand möglichst genau beschrieben. Dabei soll aus der Gesamtzahl der untersuchten Fälle das Wesentliche des Alternsvorganges besonders herausgearbeitet werden.

2. Mikroskopische Untersuchungen.

Brust-Lendenaorta.

Die Intima der Aorta ist häufig sehr schwer von der Media abzugrenzen. Auch im Schrifttum wird auf diese Schwierigkeit hingewiesen. Eine wie bei den muskulären Gefäßen stark gewundene Membrana elastica interna ist meist nicht vorhanden. Die sog. innere Grenzlamelle stellt sich meist nicht als homogenes elastisches Band dar, sondern als ein aus elastischen Bröckeln zusammengesetzter Streifen, der in seinem ganzen Verlauf von kleinen Lücken durchbrochen wird. Nur in wenigen Fällen findet sich eine zusammenhängende, in flachen Wellen verlaufende, elastische Lamelle. Ihre Außen- und Innenseite ist nicht glatt, sondern zeigt kleine, knopfförmige Verdickungen oder körnige Auflagerungen. Das Endothel liegt der Membran meist direkt auf. Wir beobachteten aber auch Fälle, bei denen subendothelial ein schmaler, faserfreier, plasmatischer Saum zwischen Endothel und Membran ausgebildet war. Bei einem 10 Monate alten Kleinkind bestand die Intima aus einem sehr lockeren, von feinen elastischen Fäserchen durchsetztem Bindegewebe. Auch hier fand sich unmittelbar unter dem Endothel ein schmaler Plasmasaum.

Die Media besteht aus etwa 40—50 konzentrisch geschichteten, breiten, elastischen Lamellen, die ziemlich dicht beieinanderliegen und stark gefaltet sind. Im Gegensatz zur inneren elastischen Grenzlamelle färben diese sich mit Elasticafarbstoffen nicht dunkelbraunschwarz, sondern mehr hellgraubräunlich. Die Muskelzellen sind sehr schmal, langgestreckt und zirkulär angeordnet. Sie liegen in einem sehr lockeren, kollagen-faserigen Bindegewebe, ebenso wie die elastischen Lamellen. Diese sind in ihrer Kontinuität häufig unterbrochen und stehen durch quer und schrägverlaufende elastische

Fasern und Fäserchen untereinander in Verbindung. Ebenso schwierig wie die Intima ist die Adventitia von der Media abzugrenzen. Sie besteht vorwiegend aus derbem, faserreichem und zellarmem Bindegewebe, in dem sich nur wenige elastische zirkulär verlaufende, mäßig dicke, elastische Fäserchen finden.

Ab 10. Lebensjahr und mit Beginn des 2. Lebensjahrzents finden sich in der ziemlich breiten Intima neben feinen, elastischen Fasern an der Innenseite der zerbröckelten, elastischen Lamelle ganz vereinzelt glatte, längsorientierte Muskelzellen. Das kollagene Bindegewebe besteht aus breiten, kollagenen Faserbündeln und bröckelig-körnigem, elastischem Material.

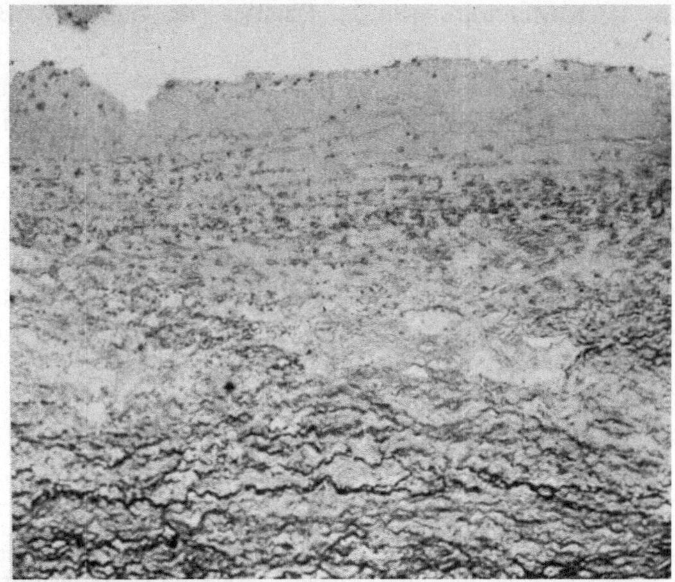

Abb. 57. Absteigende Brustaorta. Starkes Intimaödem bei einer 52jährigen Frau. (Färbung: Elastica-van Gieson.)

Häufig finden sich an der Innenseite der elastischen Lamelle kleine, unregelmäßig gestaltete elastische Schollen, die sich an einzelnen Stellen zu einer Art zweiten elastischen Lamelle formieren. Meist stellt die Intima nicht mehr als ein mit van Gieson grau-rötlich gefärbtes, von zahlreichen, elastischen Fäserchen und klumpigem, elastischem Material durchsetztes Gewebe dar. Subendothelial werden die elastischen Fäserchen etwas spärlicher.

Auch die Media zeigt in dieser Altersgruppe keine Besonderheiten. Sie besteht aus etwa 50—60 elastischen Lamellen, die ziemlich dicht nebeneinanderliegen, kollagen-faserigem Bindegewebe und meist zirkulär, vereinzelt auch longitudinal orientierten glatten Muskelzellen mit hellen, schlanken Zellkernen. Die elastischen Lamellen färben sich mit Elasticafarbstoffen grau-bräunlich und sind verschiedentlich in ihrer Kontinuität unterbrochen. Vasa vasorum finden sich an typischer Stelle an der Grenze von äußerem zu mittlerem Mediadrittel.

In den folgenden Lebensjahrzehnten erfährt die Intima eine in allen Teilen des Gefäßumfanges gleichmäßige Verbreiterung. Sie besteht vorwiegend aus kollagen-faserigem Bindegewebe, zarten, langgestreckten, elastischen Fäserchen oder kleinen, elastischen Schollen, die meist in Nähe der gestreckt verlaufenden, elastischen Membran gelegen sind. In einigen Fällen zeigt die Intima eine stärkere, ödematöse Durchtränkung, nicht an umschriebener Stelle, sondern im Bereich des ganzen Gefäßumfanges. Makroskopisch sind solche Gefäße vollkommen unauffällig, ihre Innenhaut zart und frei von polsterartigen Verdickungen oder Beeten. Die im van Gieson-Schnitt hellgrau-gelblich gefärbten Ödemmassen (Abb. 57) liegen meist subendothelial, sind homogen und enthalten verschiedengroße Vacuolen. In den tieferen Schichten der Intima findet man sie in Form breiter Streifen zwischen den elastischen Fasern. Diese sind meist büschelartig aufgepinselt und auseinandergedrängt. Hier und da liegen innerhalb der ödematösen Schichten feinste argyrophile Fäserchen und auffallend kleine Fibrocytenkerne. Ähnliche subendotheliale Plasmaansammlungen haben wir bei

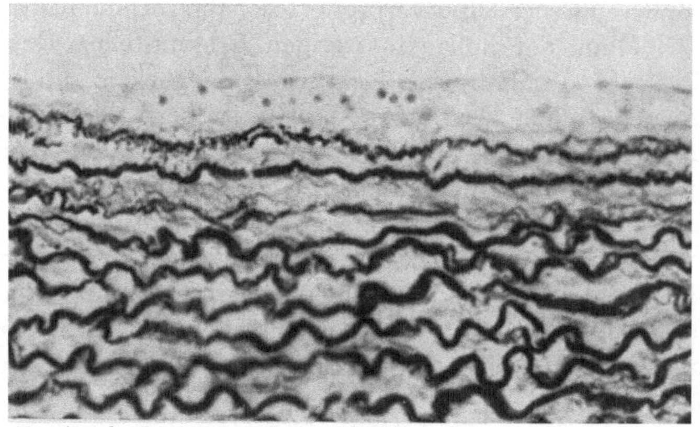

Abb. 58. Absteigende Brustaorta. Intimaödem bei einem 14 Tage alten männlichen Säugling. (Färbung: Elastica-van Gieson.)

14 Tage, 6 Monate und 10 Monate alten Säuglingen festgestellt. Sie waren entsprechend der geringen Entwicklung der Intima weniger umfangreich (Abb. 58).

Die Media besteht im Alter von 30 Jahren aus etwa 50—60, im Alter von 50 Jahren aus 60—70 und im 70. Lebensjahr aus der gleichen Anzahl elastischer Lamellen wie im 50. Mit zunehmendem Lebensalter rücken sie weiter auseinander. Die Menge kollagenen Bindegewebes nimmt unter gleichzeitiger Vermehrung des interlamellär gelegenen Bindegewebes zu. Die Muskelzellen erscheinen schmal und atrophisch, zeigen aber an keiner Stelle die bei muskulären Arterien beobachteten regressiven Veränderungen und Nekrosen. Die elastischen Lamellen sind verdünnt und an den Seiten ausgefranst. Sie verlaufen meist gestreckt und sind z. T. ziemlich kurz. Innerhalb der elastischen Lamellen finden sich kleine, umschriebene Aufhellungen oder feinste im van Gieson-Schnitt schmutziggelbe Körnchen.

Die Adventitia besteht vorwiegend aus derbem, kollagenfaserigem Bindegewebe und nur wenigen elastischen Fasern.

Zusammenfassung.

Die Intima der Aorta wird gegen die Media durch eine meist schon im frühen Kindesalter aufgebröckelte, elastische Membran abgegrenzt, die sich im wesentlichen aus kleinen unregelmäßig gestalteten elastischen Schollen und Körnchen zusammensetzt. Sie wird in ihrem ganzen Verlauf von kleinen Lücken unterbrochen und zeigt an ihrer Außen-, häufig auch an ihrer Innenseite, körnige, elastische Streifen.

Etwa im 10. Lebensjahr treten an dieser Stelle in der Längsrichtung verlaufende, glatte Muskelzellen auf. In einigen Fällen findet sich unmittelbar unter dem Endothel an allen Stellen der Circumferenz ein schmaler, faserfreier homogener und von Vacuolen durchsetzter Plasmasaum.

Im höheren Lebensalter verbreitert sich die Intima, insbesondere durch Zunahme der kollagen-faserigen Bestandteile. Das innere Intimadrittel enthält meist lockeres Bindegewebe und wenige elastische Fäserchen, das äußere Drittel ist derb-faserig und wird von kurzen, elastischen Schollen durchwirkt. In den subendothelialen und mittleren Schichten der Intima sind in diesem, aber auch im Säuglings- und mittleren Lebensalter plasmatische Durchtränkungen ziemlich häufig. Die meist homogene, plasmatische Substanz liegt zwischen den elastischen Fasern, verdrängt diese und splittert sie pinselartig in feinste elastische Fäserchen auf. Innerhalb der Plasmaansammlungen finden sich hier und da feinste versilberbare Fäserchen oder kleine runde pyknotische Fibrocytenkerne.

Die Media besteht im Säuglingsalter aus etwa 30—40 und im 15. Lebensjahr aus 40—50, im 30. aus 50—60 und im 50. Lebensjahr aus 60—70 elastischen Lamellen. Die gleiche Anzahl von Lamellen findet sich auch im 70. Lebensjahr. Sie liegen bei Neugeborenen und im Kindesalter dicht nebeneinander in konzentrischen Lagen. Interlamellär findet sich nur wenig kollagen-faseriges Bindegewebe. Die glatten Muskelzellen sind zirkulär angeordnet, die Zellkerne sind schlank und enthalten ein lockeres Chromatingerüst. Längsmuskelbündel haben wir an keiner Stelle der Media aufgefunden. Mit zunehmendem Lebensalter rücken die elastischen Lamellen auseinander, erscheinen im ganzen verschmälert, zeigen hier und da kleinere umschriebene Aufhellungen oder Einschnürungen, verlaufen meist gestreckt und färben sich im van Gieson-Schnitt nur schwach an. Sie stehen untereinander durch zarte elastische quer- und schrägverlaufende Fasern in Verbindung und sind in ihrem Verlauf verschiedentlich unterbrochen.

Die Adventitia besteht aus zum Teil von Fettgewebe durchsetztem, kollagen-faserigem Bindegewebe, das nur wenige zirkulärverlaufende Fasern enthält. Sie ist von unterschiedlicher Dicke und erhält reichlich viele capilläre Gefäße.

Art. carotis communis.

Die Membrana elastica interna der Art. carotis communis stellt bei Neugeborenen und Säuglingen ein in flachen Windungen verlaufendes, ziemlich breites homogenes, elastisches Band dar, das direkt von Endothel bedeckt wird. An der Innenseite der Membran findet sich schon frühzeitig ein schmaler, körniger elastischer Streifen, der eine besonders starke Affinität zu Elasticafarbstoffen aufweist und von dunkelbraun-schwarzer Farbe ist. In manchen Fällen liegt zwischen Membran und Endothel ein schmaler, bindegewebiger Saum, mit nur wenigen elastischen Fäserchen.

Die Media besteht aus konzentrisch hintereinander geschalteten Lamellen, die weniger dick sind als die elastische Grenzlamelle. Sie färben sich im Elastica-van Gieson-Präparat hellgrau-braun, sind vielfach gewunden und in ihrer Kontinuität häufig unterbrochen. Interlamellär finden sich geringe Mengen kollagen-faserigen Bindegewebes, glatte zirkulär angeordnete Muskelzellen mit schlanken chromatinarmen Zellkernen.

Die Adventitia setzt sich vorwiegend aus kollagen-faserigem Bindegewebe zusammen und enthält nur wenige zirkulär und longitudinal angeordnete elastische Fasern.

Im 2. Lebensjahrzehnt besteht die Intima aus einer ziemlich breiten, von reichlich viel elastischen Fäserchen durchsetzten Bindegewebsschicht, die nach der Lichtung zu in einen schmalen faserarmen Streifen übergeht, der feinste argyrophile Fäserchen enthält. Hier und da finden sich an der Innenseite der Membrana elastica interna längsorientierte, glatte Muskelzellen. Die elastische Grenzlamelle verläuft gewöhnlich gestreckt und besteht aus kleinen, unregelmäßig gestalteten, elastischen Schollen, die in verschieden weiten Abständen nebeneinanderliegen. Häufig findet sich eine zweite ähnlich gestaltete Membran unmittelbar einwärts der ersten. Zwischen beiden Lamellen liegt zartes, kollagen-faseriges Bindegewebe und glatte Muskelfasern.

Das innere Mediadrittel ist häufig aufgelockert. Die elastischen Lamellen haben mehr das Aussehen von breiten, elastischen Fasern oder Faserbündeln. Die glatten Ringmuskelfasern sind stellenweise zu breiten Längsmuskelbündeln formiert, die sich bis in die Intima hinein fortsetzen und diese gegen die Lichtung zu vorwölben. Das mittlere und äußere Mediadrittel besteht aus 55—66 konzentrisch geschichteten elastischen Lamellen. Die Muskulatur hat dieselbe Anordnung wie die der Aorta, d. h. zwischen je 2 Muskelschichten befindet sich eine mehr oder weniger breite Bindegewebsschicht, durch deren Mitte die elastische Lamelle verläuft. Interlamellär finden sich ausschließlich zirkulär orientierte Muskelzellen.

Im 3. und 4. Lebensjahrzehnt besteht die Intima aus einer elastisch-muskulären Schicht mit flachen Längsmuskelbündeln und grobscholligen elastischen Elementen und aus einer elastisch-hyperplastischen Schicht mit zirkulär verlaufenden elastischen Fasern und Fäserchen, die nach der Lichtung zu an Menge abnehmen. In manchen Fällen ist subendothelial ein schmaler homogener Plasmasaum ausgebildet, der im Bereich des ganzen Gefäßumfanges sichtbar ist. Die elastische Grenzlamelle ist häufig unterbrochen und hat ein bröcklig-krümeliges Aussehen. Vervielfachungen und Aufspaltungen der elastischen Lamelle, wie man sie bei muskulären Arterien findet, haben wir nicht feststellen können.

Die Media enthält weniger elastische Lamellen als im frühen Kindesalter und im 2. Lebensjahrzehnt. Wir konnten durchschnittlich etwa 45 Lamellen auszählen. Das mag daran liegen, daß das innere Mediadrittel im Bereich des ganzen Gefäßumfanges in einen vorwiegend bindegewebigen Streifen umgewandelt ist, der neben glatten Muskelfasern breite elastische Faserbündel, aber keine elastischen Lamellen enthält. Die Muskelfasern sind schmal und atrophisch und liegen in unregelmäßigem Abstand, teils zirkulär, teils longitudinal. Die elastischen Lamellen des mittleren und äußeren Mediadrittels sind schmal, meist gestreckt und am Rande häufig ausgefasert. Zum Teil stehen die Lamellen weit auseinander. Interlamellär hat die Menge kollagen-faserigen Bindegewebes zugenommen. Dieses enthält reichlich viele elastische Fasern, die stellenweise ein dichtes elastisches Strauchwerk bilden. Die Muskelfasern sind z. T. ausgeblaßt oder färben sich nach van Gieson besonders stark an.

Im 5.—7. Lebensjahrzehnt hat sich die Intima weiter verbreitert. Besonders die elastisch-hyperplastische Schicht hat an Dicke zugenommen und besteht aus dicht nebeneinanderliegenden, teilweise ziemlich dicken, elastischen Fasern. Häufig ist besonders im höheren Lebensalter subendothelial eine derbe, fibröse Bindegewebsschicht ausgebildet, die keinerlei elastische Fasern enthält. Die elastisch-muskulöse Schicht ist schmal, die innere Grenzlamelle aufgebröckelt und in ihrem Verlauf unterbrochen. An der Innenseite finden sich neben glatten Muskelfasern ungeordnet, durcheinanderliegend, plumpe elastische Schollen.

Die Media besteht aus etwa 30—40 elastischen Lamellen, also nur wenig mehr Lamellen, als im frühen Kindesalter. Sie sind meist kurz und schmal und haben häufig das Aussehen dicker, elastischer Fasern. Das innere Mediadrittel ist in einen breiten Bindegewebsstreifen umgewandelt, der neben flachen Längsmuskelbündeln reichlich viele elastische Fäserchen enthält. Im mittleren Mediadrittel finden sich breite, umschriebene Bezirke, die ganz aus van Gieson-roter Substanz bestehen. Die Muskelfasern sind an solchen Stellen teilweise atrophisch ausgeblaßt und körnig-schollig zerfallen. Die Zellkerne enthalten kleine wasserklare Vacuolen, sind klein und pyknotisch. Derartige Umbauprozesse sind an verschiedenen Stellen des Gefäßumfanges ausgebildet. Sie sind im höheren Lebensalter häufiger und betreffen dann auch das äußere Mediadrittel. Die zwischen den stark verschmälerten elastischen Lamellen gelegenen Muskelfasern sind schmal, an Zahl vermindert und durch reichlich viel kollagen-faseriges Bindegewebe ersetzt. Durch die Zunahme des interlamellären Bindegewebes hat sich der Abstand zwischen den elastischen Lamellen teilweise erheblich vergrößert.

Zusammenfassung.

Im frühen Kindesalter liegt das Endothel der Art. carotis communis direkt der nur wenig geschlängelten, ziemlich breiten elastischen Grenzlamelle auf. Am Ende des 1. Lebensjahres besteht die Intima aus einer äußerst zarten Bindegewebsschicht, die feine elastische Fasern enthält. Schon in diesem Alter ist die Membran mehrfach in ihrem Verlauf unterbrochen und besteht aus kleinen elastischen Schollen, die in verschieden weitem Abstand nebeneinanderliegen. An der Innenseite der Membran findet sich häufig ein schmaler, körniger elastischer Streifen. An dieser Stelle treten mit zunehmendem Lebensalter zunächst vereinzelt glatte Muskelfasern auf, die später flache Längsmuskelbündel bilden und von groben elastischen Klumpen durchsetzt werden. Neben der vorwiegend muskulären Schicht ist lumenwärts eine zweite, vorwiegend elastisch-hyperplastische Schicht ausgebildet, die im mittleren Lebensalter eine beträchtliche Dicke erreichen kann und aus zirkulären elastischen Fasern und Fäserchen besteht, die ziemlich dicht nebeneinanderliegen. Subendothelial findet sich in einigen Fällen ein schmaler, faserarmer Plasmasaum mit feinen argygrophilen Fäserchen. Im höheren Lebensalter ist unmittelbar unter dem Endothel eine ziemlich breite, aus derbem, fibrösem Bindegewebe bestehende Schicht ausgebildet, die nur ganz wenige elastische Fäserchen enthält.

Die Media besteht im Säuglingsalter aus etwa 25 konzentrisch hintereinandergeschalteten elastischen Lamellen, die stark geschlängelt sind und sich im Schnittpräparat im Gegensatz zu den elastischen Elementen der Intima hellgrau-braun anfärben. Interlamellär findet sich in dieser Altersstufe nur wenig kollagen-faseriges Bindegewebe. Ende des 1. Lebensjahrzehnts sind die elastischen Lamellen des inneren Mediadrittels im ganzen etwas aufgelockert. Ab 20. Lebensjahr besteht dieser Teil der Media aus einem mehr oder weniger breiten, vorwiegend kollagen-faserigen Bindegewebe, elastischen Fasern bzw. Faserbündel und flachen Längsmuskelbündeln. Die elastischen Lamellen des mittleren und äußeren Mediadrittels stehen ziemlich weit auseinander, sind teilweise am Rande ausgefranst und zeigen hier und da Aufhellungen oder Einschnürungen. Im 6. und 7. Lebensjahrzehnt finden sich im mittleren und auch im äußeren Mediadrittel umschriebene, aus Bindegewebe bestehende Herde mit nekrotischen Muskelfasern. Die elastischen Lamellen sind an dieser Stelle in ihrem Verlauf unterbrochen. Sie haben mehr das Aussehen von elastischen Fasern. Die Menge kollagen-faserigen Bindegewebes hat sich interlamellär vermehrt. Die Muskelfasern sind schmal und atrophisch.

Die Adventitia besteht auch im Kindesalter nur zum kleinen Teil aus elastischen Elementen. Sie setzt sich vielmehr aus mehr oder weniger derbem kollagen-faserigem Bindegewebe zusammen, das reichlich viele capilläre Gefäße enthält. Die elastischen Fasern sind in der äußeren Hälfte der Adventitia longitudinal, in der inneren Hälfte vorwiegend zirkulär angeordnet.

Art. femoralis.

Bei Neugeborenen und Säuglingen bis zu 4 Monaten besteht die Intima aus einem faserfreien strukturlosen schmalen Saum, der innen von Endothel bedeckt ist und außen von einer stark gewundenen elastischen Lamelle begrenzt wird. Diese ist an keiner Stelle in ihrem Verlauf unterbrochen und färbt sich mit Elasticafarbstoffen gleichmäßig dunkel-braun-schwarz. Im 5. Lebensmonat hat sich die elastische Membran unter Ausbildung einer zweiten, etwa gleich starken Lamelle an verschiedenen Stellen des Gefäßumfanges aufgespalten. Häufiger findet man jedoch 2 selbständige parallel verlaufende elastische Membranen, die beide stark gefaltet sind und an keiner Stelle des Gefäßumfanges miteinander in Verbindung treten. Der Abstand zwischen beiden Lamellen ist ziemlich groß. Zwischen ihnen liegt ganz lockeres zart-faseriges Bindegewebe mit feinen argyrophilen Fäserchen. Glatte Muskelfasern sind nur in einem Teil der Fälle vorhanden. Man findet sie häu..g im 2. Lebensjahr. Sie liegen dann meist an der Innenseite der äußeren Membran. In den folgenden Lebensjahren liegen zwischen beiden elastischen Membranen neugebildete elastische I amellen, die eine besonders starke Affinität zu Elasticafarbstoffen aufweisen. Bei Bestehen nur einer einzigen elastischen Membran finden sich einwärts von dieser zahlreiche zirkuläre elastische Fasern von unterschiedlicher Dicke.

Die Media besteht etwa bis zum 6. Lebensjahr aus dichtgefügten Ringmuskelschichten, zwischen denen nur wenig kollagen-faseriges Bindegewebe liegt. Dieses wird häufig durch zahlreiche korkzieherartig geschlängelte elastische Fasern verstärkt. Besonders im inneren Mediadrittel sind in manchen Fällen breite elastische Faserbündel gelegen. Andere Faserbündel nehmen ihren Ausgang von der Adventitia. Die Muskelzellkerne sind schlank, liegen in konzentrischen Reihen hintereinander.

Die Adventitia ist breit und kräftig entwickelt und grenzt mit einer stark gefalteten elastischen Membran an die Media. An ihrer Außenseite finden sich vorwiegend zirkulär angeordnete, ziemlich breite, aber kurze elastische Fasern, dic sehr dicht beieinanderliegen und besonders bei Neugeborenen kräftig ausgebildet sind.

Im 2. und 3. Lebensjahrzehnt lassen sich folgende Intimatypen unterscheiden:

Beim sog. *Säuglingstyp* liegt der stark gefalteten in steilen Windungen verlaufenden Membrana elastica interna das Endothel direkt auf (Abb. 59).

Beim *frühkindlichen Typ* sind zwei elastische Membranen vorhanden. Beide sind durch lockeres kollagen-faseriges Bindegewebe miteinander verbunden (Abb. 60).

Beim *jugendlichen Typ* sind gleichfalls zwei elastische Lamellen ausgebildet. Man findet zwischen ihnen jedoch neben kollagenfaserigem Bindegewebe reichlich viele elastische Fasern und glatte meist längsorientierte Muskelzellen (Abb. 60).

Beim *Erwachsenentyp* sind einwärts der meist weniger stark gefalteten und in der Kontinuität mehrfach unterbrochenen elastischen Membran reichlich viele zirkulär verlaufende elastische

Fasern von unterschiedlicher Dicke vorhanden. In einigen Fällen wird die Masse der elastischen Elemente durch eine breite elastische Lamelle abgeschlossen (Abb. 61).

Auf den *sog. Alterstyp* der Intima werden wir weiter unten zu sprechen kommen (Abb. 62).

Die außenliegende elastische Membran der Intima zeigt an den Stellen, an denen sie unterbrochen ist, meist eine stärkere Anhäufung van Gieson-roter Substanz. Sie findet sich aber darüber hinaus in besonderem Maße an

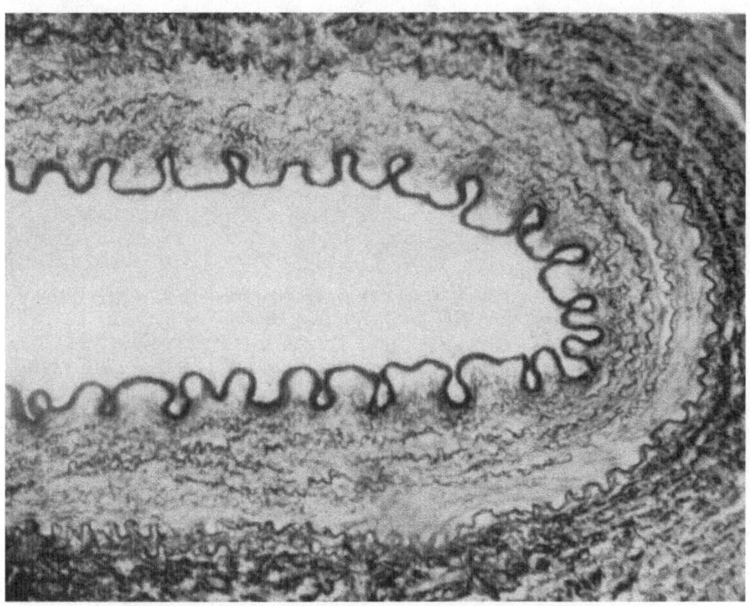

Abb. 59. Art. femoralis. Sogenannter Säuglingstyp der Intima. (Färbung: Elastica-van Gieson.)

der Außenseite der elastischen Membran in Form eines mehr oder weniger schmalen Streifens. Dieser enthält nur wenige glatte Muskelfasern und besteht im wesentlichen aus eigentümlich verquollenen kollagenen Faserbündeln und einem feinen argyrophilen Netzwerk. Die angrenzenden Ringmuskelschichten sind aufgelockert, die Muskelfasern stehen weit auseinander, sind schmal und atrophisch. Einige sind am Rande ausgefasert oder fleckig ausgeblaßt. Die Zellkerne sind unterschiedlich groß und zeigen hier und da wasserklare Vacuolen. Das kollagen-faserige Bindegewebe ist vermehrt und nimmt stellenweise den Platz untergegangener Muskelfasern ein. Die elastischen Bestandteile der Media sind vermindert und bilden meist ein sehr weitmaschiges Flechtwerk zarter elastischer Fasern. Die beschriebenen regressiven Veränderungen der Muskelfasern sind meist unregelmäßig im Bereich des ganzen Gefäßumfanges verteilt und in dieser Altersgruppe noch nicht sehr umfangreich. Bevorzugt wird das innere und das mittlere Mediadrittel.

Die Adventitia ist von wechselnder Breite, die Elastica externa ist nicht immer ausgebildet. Häufig sind im Bereich der äußeren Hälfte der Adventitia elastische Längsfasernetze vorhanden. Vereinzelt finden sich dort auch längsorientierte glatte Muskelfasern.

Im 4. und 5. Lebensjahrzehnt hat sich die Intima weiter verbreitert, gleichzeitig sind Teile der Intima in der Media aufgegangen. Diesen Vorgang

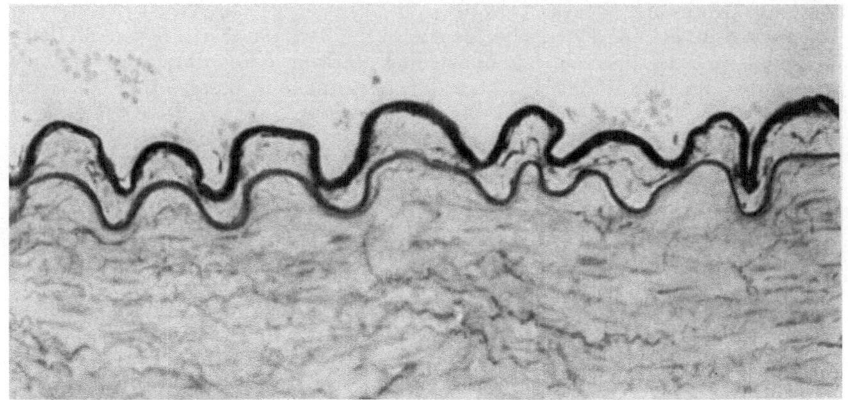

Abb. 60. Art. femoralis. Frühkindlicher bzw. jugendlicher Typ der Intima. (Färbung: Elastica-van Gieson.)

bezeichnen wir als *„Medianisierung" der Intima*. Wir haben ihn bisher nur in der Arteria femor. beobachtet und fanden ihn gewöhnlich bei den Gefäßen, bei denen die Membrana elastica interna doppelt ausgebildet war. Die

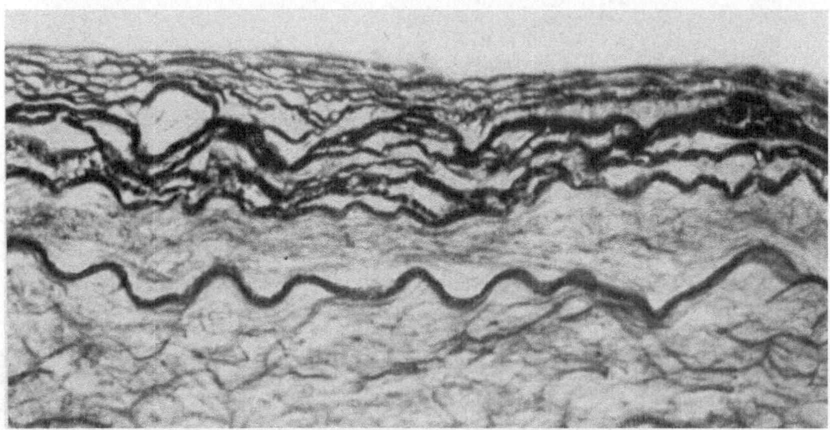

Abb. 61. Art. femoralis. Erwachsenentyp der Intima. (Färbung: Elastica-van Gieson.)

außen gelegene elastische Lamelle zeigt in solchen Fällen schon frühzeitig Unterbrechungen ihrer Kontinuität. Die Teilstücke dieser Membran sind wechselnd groß, rücken nach außen, verkürzen sich und schwinden schließlich vollkommen, so daß die ursprünglich interlamellär gelegene Bindegewebsschicht ihrer Begrenzung nach außen verliert und zum Bestandteil der mittleren Wandschicht wird. Die Media erfährt dadurch eine zusätzliche

Verbreiterung, die Intima aber eine Verschmälerung. Die innere der beiden Lamellen ist jetzt zur Grenzlamelle geworden. Ab 40. Lebensjahr ist das ein recht häufiges Vorkommen. Die zur Grenzlamelle gewordene Membran ist in ihrem Verlauf gewöhnlich unterbrochen und eigentümlich starr und steif. Es treten in ihr ovale bis kreisrunde van Gieson-rote Flecken auf, die z. T. miteinander konfluieren. Hier und da findet man auch hellgraugelbliche Aufhellungsherde innerhalb der Membran sowie taillenartige Einschnürungen oder Verschmälerungen. Die Intima kann alle Formen der oben beschriebenen Typen aufweisen. Häufig findet man an Stelle elastischer

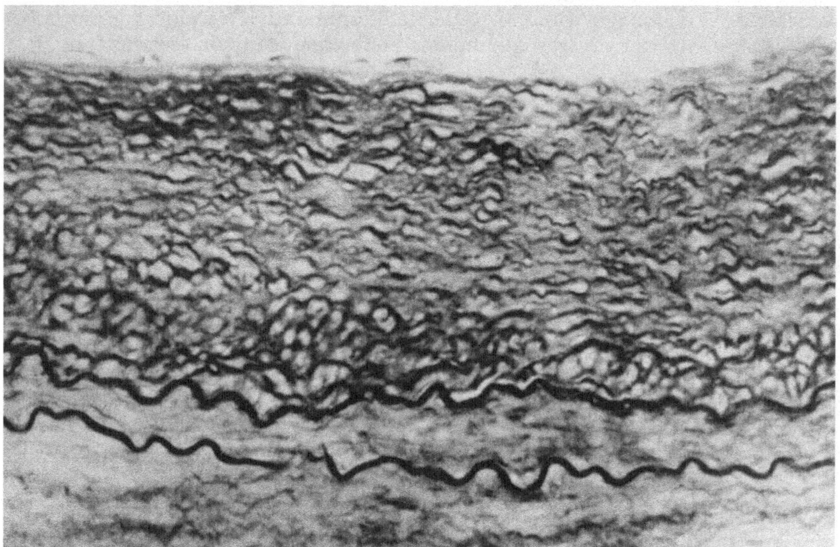

Abb. 62. Art. femoralis. Alterstyp der Intima mit starker fibröser Verdickung. (Färbung: Elastica-van Gieson.)

Fasern oder Fäserchen wirr durcheinanderliegende elastische Schollen, die nach außen in eine vorwiegend muskulär-elastische Schicht übergehen.

Die Media enthält im Gegensatz zu anderen muskulären Gefäßen nur ganz selten Längsmuskelbündel. Die Ringmuskelfasern sind weitgehend geschwunden und haben sich wechselnd stark angefärbt. Neben nekrotischen krümelig-bröckligen Muskelzellen finden sich gewöhnlich breite hypertrophische Muskelfasern mit stark färbbarem Cytoplasma und großen lappigen Zellkernen. Die Veränderungen der Muskelfasern sind gegenüber der letzten Altersstufe sehr umfangreich geworden und betreffen zumeist das innere und mittlere Mediadrittel.

Die Adventitia zeigt keine Besonderheiten und ist von Fall zu Fall wechselnd stark entwickelt. Die Elastica externa fehlt meistens.

Im 6. und 7. Lebensjahrzehnt findet man das Bild der sog. Altersintima. Diese besteht im äußeren Drittel aus einer mäßig breiten, elastisch muskulären Schicht, der eine vorwiegend elastische Schicht folgt und aus einer in manchen Fällen ziemlich breiten bindegewebigen, zellarmen und faserreichen Schicht mit nur wenigen elastischen Fäserchen. Sie wird vom Endothel durch einen schmalen strukturlosen Plasmasaum getrennt. Dieser ist aber nicht in allen Fällen vorhanden.

Das Kennzeichnende der Altersintima ist die Ausbildung einer vorwiegend bindegewebigen fibrösen Schicht. Die oben beschriebene Medianisierung der Intima ist ein häufiger Befund.

Die Media ist weitgehend umgebaut und enthält nur noch sehr wenige glatte Muskelzellen. Sie besteht fast nur noch aus van Gieson-roter Zwischensubstanz, in der ungeordnet Reste glatter Muskelfasern liegen. Eine Ringmuskellage ist nur noch hier und da vorhanden. Die meisten Muskelzellen sind vollkommen nekrotisch, haben sich aufgelöst, sind geschwunden oder zeigen schwere Veränderungen, wie körnig-tropfigen Zerfall, Ausblassungen oder kleine Vacuolen (Abb. 63). Die Zellkerne sind klein und pyknotisch, die Kernmembran ist geschwunden oder eigentümlich geknittert, das Chromatingerüst verklumpt und an die Kernwand gedrängt. Daneben finden sich ganz vereinzelt breite Muskelfasern, die sich stark angefärbt haben und einen großen Zellkern enthalten. Das innere Mediadrittel ist gewöhnlich gänzlich frei von Muskelzellen, etwas weniger stark ist das mittlere und äußere Mediadrittel betroffen, aber auch hier findet sich ein recht erheblicher Muskelfaserschwund. Auffallend ist, daß die an die Stelle der Muskulatur getretene van Gieson-rote Zwischensubstanz nur sehr wenige Bindegewebszellen enthält. Es finden sich um so mehr elastische Bestandteile, die aber nicht die Form elastischer Fasern haben, sondern einen unentwirrbaren elastischen Faserfilz bilden, der besonders das mittlere Drittel der Media ausfüllt. Solche „Elastosen der Media" finden sich ausschließlich im höheren Lebensalter und werden bei jugendlichen Individuen niemals beobachtet.

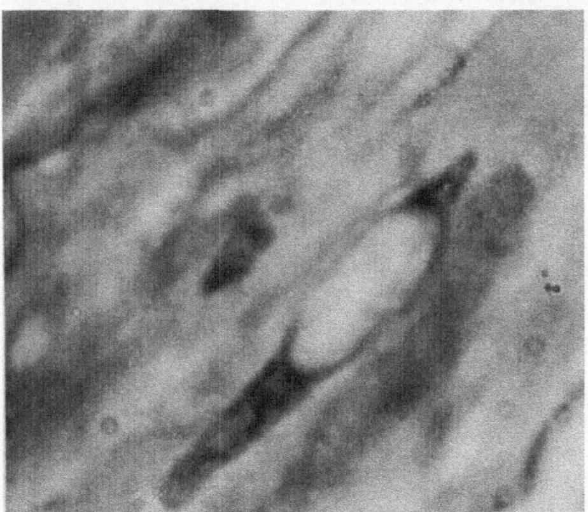

Abb. 63. Art. femoralis. Ovale Kernvacuole einer glatten Muskelzelle der Media.

Die Adventitia ist in dieser Altersgruppe meist schmal und besteht aus wenigen, locker gefügten, ziemlich kurzen elastischen Fasern, die teils zirkulär, teils longitudinal orientiert sind. Eine Elastica externa ist gewöhnlich nicht vorhanden.

Zusammenfassung.

Die Intima der Art. femoralis zeigt für jedes Lebensjahrzehnt mehr oder weniger typische Wachstumsformen, die für die entsprechenden Altersgruppen zwar nicht absolut charakteristisch sind, aber vorwiegend in diesen beobachtet werden. Im einzelnen unterscheiden wir folgende Formen:

1. *Säuglingstyp.* Der in steilen Windungen verlaufenden Membrana elastica interna liegt das Endothel direkt auf.

2. *Frühkindlicher Typ.* Es sind 2 elastische Membranen angelegt, die beide durch einen ziemlich breiten Streifen lockeren Bindegewebes miteinander verbunden sind. Das Endothel liegt der inneren Membran auf.

3. Jugendlicher Typ. Wie 2. Zwischen den Lamellen finden sich neben kollagen-faserigem Bindegewebe glatte Muskelzellen und elastische Fasern. Subendothelial ist ein schmaler bindegewebiger Streifen ausgebildet, der feine argyrophile Fäserchen enthält.

4. Erwachsenentyp. Einwärts der meist gestreckt verlaufenden und meist in ihrer Kontinuität unterbrochenen elastischen Membran liegt eine ziemlich breite elastisch-hyperplastische Schicht, die gegen das Lumen durch eine wechselnd breite elastische Lamelle abgeschlossen wird.

5. Alterstyp. Ist dadurch ausgezeichnet, daß subendothelial eine derbe fibröse z. T. von stäbchenförmigem elastischem Material durchsetzte Schicht ausgebildet ist. Im übrigen zeigt die äußere Intima die gleichen Schichten wie beim Erwachsenentyp.

Etwa ab 30. Lebensjahr wird das äußere Intimadrittel in die Media einbezogen. Wir nennen diesen Vorgang „Medianisierung" der Intima. Er findet sich immer bei den Gefäßen mit doppelt angelegten elastischen Grenzlamellen. Die außen gelegene elastische Lamelle zeigt in solchen Fällen schon frühzeitig Unterbrechungen ihrer Kontinuität. Die Teilstücke dieser Membran sind wechselnd groß, rücken nach außen, verkürzen sich und schwinden schließlich vollkommen, so daß die ursprünglich interlamellär gelegene Bindegewebsschicht ihre Begrenzung nach außen verliert und zum Bestandteil der mittleren Wandschicht wird. Die Media erfährt dadurch eine zusätzliche Verbreiterung, die Intima eine Verschmälerung.

Bis zum 8. Lebensjahr etwa besteht die Media aus dichtgefügten Ringmuskelschichten. Schon im 10. Lebensjahr ist das Gefüge der Media aufgelockert. Der Abstand der Muskelfasern erweitert sich von Jahr zu Jahr, die Zwischensubstanz ist dementsprechend vermehrt. Die Muskelfasern sind schmal und atrophisch und zeigen schon ab 20. Lebensjahr umfangreiche Veränderungen, wie Ausblassungen, Erbleichungen, körnigen Zerfall und Zellnekrosen, besonders im inneren Mediadrittel. Ab 30. Lebensjahr sind derartige regressive Veränderungen häufiger und umfangreicher geworden und erstrecken sich auf das mittlere und zum Teil auch auf das äußere Mediadrittel. Ab 50. Lebensjahr sind die Muskelfasern weitgehend geschwunden und durch zellarmes van Gieson-rotes Bindegewebe ersetzt, das in einigen Fällen durch einen dichten elastischen Faserfilz verstärkt wird.

Die Adventitia jugendlicher Individuen ist kräftig entwickelt und besteht aus dichten zirkulären elastischen Fasern. Eine Membrana elastica externa ist meist nicht vorhanden. Die Adventitia ist aufgelockert und schmäler im Beginn des 2. Lebensjahrzehntes. Die äußeren Schichten enthalten zum Teil longitudinal orientierte elastische Faserbündel und vereinzelt glatte Muskelzellen.

Art. mesenterica superior.

Die Intima besteht im frühen Kindesalter aus einer vielfach gewundenen elastischen Lamelle, die schon bei der Geburt an einzelnen Stellen verdoppelt sein kann. Ihre inneren Anteile färben sich mit Elastin hellgrau-braun, ihre äußeren Anteile dagegen mehr dunkelbraun-schwarz. Sie ist meist gleichmäßig breit und in ihrem Verlauf nirgendwo unterbrochen. Ihr sitzt eine schmale Endothellage auf, die allerdings nicht an allen Stellen deutlich sichtbar ist. Eine sog. elastische Intimahyperplasie beobachteten wir schon bei einem 14 Tage alten Säugling. Die Intima wölbte sich in diesem Bezirk flach-kugelig gegen die Gefäßlichtung vor, die Elastica interna war vervielfacht und hatte 8—9 elastische Lamellen abgespaltet. Bei einem einjährigen Säugling fand sich neben einer elastischen Intimahyperplasie eine Verstärkung des inneren Mediadrittels durch breite Längsmuskelbündel.

Die Media besteht aus 10—20 Lagen glatter Muskelfasern, die ziemlich dicht aneinandergefügt sind und zwischen sich nur geringe Mengen bindegewebiger Zwischensubstanz einschließen. Die Zellkerne der Muskelfasern sind chromatinarm, meist auffallend hell und liegen geordnet hintereinander. Schon in diesem Alter sind gewöhnlich 2 Mediatypen ausgebildet. Die Media ist entweder rein muskulär und besteht im wesentlichen nur aus Ringmuskelfasern, zwischen denen kleinere elastische stark geschlängelte Fäserchen von unterschiedlicher Dicke liegen, oder aber sie wird vermehrt, von groben elastischen breiten Faserbündeln durchsetzt, die sich z. T. von der Adventitia abspalten und häufig lamellär geschichtet sind. Eine besondere Verdichtung elastischer Fasern findet sich meist im inneren Mediadrittel. Die Elastinisierung der Media kann in extremen Fällen soweit gehen, daß die Grenze von Media und Adventitia kaum noch festzustellen ist. Zwischen den elastischen Lamellen liegen interlamellär, ähnlich wie bei der Aorta und anderen Gefäßen vom elastischen Typ, glatte Muskelfasern und Bindegewebe. Dieses ist auffallend zellarm.

Die Adventitia ist in dieser Altersstufe in allen Fällen sehr breit und reich an elastischen Fasern. Im inneren Drittel sind diese longitudinal angeordnet. Eine äußere Grenzlamelle ist regelmäßig ausgebildet. Sie ist ebenso wie die Elastica interna stark gefaltet und färbt sich mit Elasticafarbstoffen gleichmäßig dunkelbraun-schwarz. Sie geht unvermittelt in die breiten elastischen Fasern der Media über. Häufig findet man besonders im äußeren Drittel longitudinal orientierte glatte Muskelfasern. Gewöhnlich ist die Adventitia breiter als Media und Intima zusammen.

Mitte des 3. Lebensjahrzehnts hat sich die Intima nur wenig verbreitert. Die Elastica interna ist häufig aufgespalten. Einwärts von ihr finden sich reichlich viele dicht nebeneinanderliegende elastische Lamellen, zwischen denen lockeres kollagen-faseriges Bindegewebe liegt. Glatte Muskelfasern findet man in der Intima nur selten.

In der Media treten häufig glatte Längsmuskelbündel auf, die als knotenförmige Komplexe im inneren Mediadrittel lokalisiert sind. An solchen Stellen ist die Elastica interna vielfach unterbrochen und in mehr oder weniger lange Teilstrecken zerlegt. Ein breites Einwachsen muskulärer Elemente in die Media haben wir gewöhnlich vermißt. Man findet jedoch schon in dieser Altersgruppe ein weites Auseinanderrücken der Ringmuskelfasern und eine allgemeine Auflockerung des Mediagefüges. Zwischen den Muskelfasern sind das kollagen-faserige Bindegewebe und die elastischen Fasern vermehrt. Mehr noch als im Kindesalter ist die Media elastinisiert. Sie wird von breiten elastischen Faserbündeln durchsetzt. Regressive Veränderungen sind an den Muskelfasern noch nicht erkennbar. Die Adventitia ist breit und wird nach innen von einer deutlich ausgebildeten Elastica begrenzt.

Im 3. und 4. Lebensjahrzent hat die Intima im Prinzip den gleichen Wandaufbau wie im 2. Die Elastica interna verläuft meist gestreckt und ist in ihrem Verlauf mehrfach unterbrochen. Die abgespaltenen elastischen Fasern und Lamellen sind nicht glatt konturiert, sondern zeigen an ihrer Innen- und Außenseite knopfförmige Ausstülpungen und Verdickungen. In manchen Fällen haben die elastischen Lamellen ein mehr stäbchenförmiges Aussehen. Das interlamelläre Bindegewebe ist kernarm und enthält nur wenige glatte Muskelfasern. In manchen Fällen hat die Intima ein ganz frühkindliches Aussehen, d. h. sie besteht aus einer einfachen, meist gestreckt verlaufenden elastischen Membran, der das Endothel direkt aufsitzt. Im allgemeinen hält sich die Verbreiterung der Intima in bescheidenen Grenzen. Eine Aufteilung der Intima in elastisch-muskuläre, elastisch-hyperplastische und bindegewebige Schichten ist nicht möglich. Auffallend ist, daß innerhalb der inneren Grenzlamelle, aber auch innerhalb der abgespaltenen elastischen Lamellen an verschiedenen Stellen kleine ovale Hohlräume auftreten, die sich im van Gieson-Präparat tief dunkelrot anfärben. Die Dicke der elastischen Lamellen hat seit dem 1. Lebensjahrzehnt nur wenig zugenommen.

Die Media enthält meist breite gestreckt verlaufende elastische Faserbündel, die entweder im inneren oder im äußeren Drittel gelegen sind. Die Ringmuskelfasern haben ihren Abstand besonders im inneren Mediadrittel vergrößert und zeigen dort die ersten regressiven Veränderungen. Sie sind im ganzen schmal und atrophisch, an den Enden abgebröckelt und ausgefasert. Hier und da findet man körnig-zerfallene Muskelfasern, die sich nach van Gieson nur schwach gelb anfärben. Auch innerhalb der erhaltenen Muskelfasern finden sich fleckförmige Ausblassungen und Erbleichungen. Die Zellkerne solcher Muskelfasern sind meist ungleichmäßig groß und pyknotisch. Die Kerngrenzen sind unscharf, hier und da finden sich innerhalb der Zellkerne kleine wasserklare Vacuolen. Im mittleren Mediadrittel und im äußeren Drittel sind die Muskelfasern meist erhalten. An die Stelle der zugrunde gegangenen Muskelfasern ist lockeres, kollagen-faseriges Bindegewebe getreten.

Die Adventitia ist auch in diesem Lebensalter sehr breit und enthält reichlich viele elastische Fasern und Lamellen, die sich nach innen zur Elastica interna zu verdichten. Interlamellär geringe Mengen glatter Muskelfasern.

Im 5., 6. und 7. Lebensjahrzehnt sind die beschriebenen Umbauprozesse der Media häufiger und umfangreicher. Die Intima verändert sich nur wenig und zeigt entweder das Bild der elastischen Hyperplasie oder mehr oder weniger umschriebene Verdickungen der inneren Wandschicht. Die innere Lamelle ist in ihrem Verlauf auf weite Strecken unterbrochen und nur wenig geschlängelt. Das Endothel sitzt einer Bindegewebsunterlage auf, die reichlich viel elastische Fäserchen enthält. Glatte Muskelfasern sind in der Intima nicht enthalten.

Im inneren und mittleren Mediadrittel wird die zugrunde gegangene Muskulatur durch kollagen-faseriges Bindegewebe ersetzt. Grundsätzlich finden sich an den Muskelfasern die gleichen Veränderungen wie wir sie oben beschrieben haben, d. h. Atrophie, Verschmälerung, körnigen bis scholligen Zerfall, Ausblassung des Cytoplasmas, Kernvacuolen, Pyknose, unterschiedliche Größe der Zellkerne oder große gelappte Zellkerne. Nur im äußeren

Mediadrittel ist noch die zirkuläre Lagerung der Muskelfasern deutlich. Die Intima und die Adventitia haben an diesen Umbauprozessen der Media keinen Anteil.

Zusammenfassung.

Die Intima der Art. mesenterica zeigt schon im frühen Kindesalter bei Neugeborenen und Säuglingen Aufspaltungen und Vervielfachungen der Lamina elastica interna sowie Ausbildung von typischer elastischer Hyperplasie. Die Intima erreicht auch im höheren Lebensalter nur eine geringe Dicke. Innerhalb der elastischen Membran treten etwa im 30.—40. Lebensjahr ovale van Gieson-rote Hohlräume auf. Glatte Muskelfasern sind meist nicht enthalten. Die Media besteht entweder aus zirkulären Lagen glatter Muskelfasern, zwischen denen mäßig viele feine elastische Fäserchen liegen, und aus kollagen-faserigem Bindegewebe oder aber in der Mehrzahl der von uns untersuchten Fälle aus breiten elastischen Faserbündeln, die sich von der Adventitia her abspalten. Bevorzugt ist das innere und äußere Mediadrittel. Die Adventitia ist gewöhnlich sehr breit und enthält in ihren inneren Abschnitten mehr zirkulär orientierte, in ihren äußeren Abschnitten longitudinal ausgerichtete breite elastische Fasern. Eine Lamina elastica externa ist meist vorhanden. Etwa im 15. Lebensjahr beginnen sich in der Media, und zwar im inneren Drittel, die ersten regressiven Veränderungen abzuzeichnen. Die glatten Ringmuskelfasern beginnen sich zu lockern, werden schmal und atrophisch und erweitern ihren Abstand. Die Menge kollagen-faserigen Bindegewebes nimmt zwischen den Muskelfasern zu. Ab 25. Lebensjahr treten im inneren und auch im mittleren Mediadrittel weitere Veränderungen an den Muskelfasern auf. Es finden sich umschriebene Ausblassungen mit körnigscholligem Zerfall der Muskelfasern, Mehrkernigkeit, Kernvacuolen und Pyknosen. Gleichzeitig mit diesen regressiven Veränderungen nimmt die Menge der Zwischensubstanz zu. Im höheren Lebensalter ist die Media fast regelmäßig in der beschriebenen Weise alteriert und zeigt nicht nur kleinere fleckige Nekroseherde, sondern ziemlich umfangreiche, auf den ganzen Gefäßumfang verteilte Umbauprozesse. Die Adventitia ist in allen Lebensabschnitten sehr breit und grenzt sich besonders im jugendlichen Alter gegen die Media durch eine manchmal stark gefaltete Elastica externa ab.

Art. lienalis.

In den ersten Lebensjahren ist der Aufbau der Wandschichten noch ziemlich übersichtlich und unkompliziert. Die Elastica interna stellt ein stark gefaltetes homogenes gleichmäßig breites Band dar, dessen äußere Anteile sich mit Elasticafarbstoffen hellgrau-schwarz, dessen innere Anteile sich mehr dunkelbraun-schwarz anfärben. Nach innen sitzt der Elastica interna eine bei jugendlichen Individuen deutlich erkennbare Endothelschicht auf. Die Endothelzellen sind gewöhnlich flach, ihre Zellkerne mittelgroß und chromatinarm. Eine eigentliche innere Wandschicht ist noch nicht ausgebildet.

Die Media besteht aus etwa 12 zirkulär verlaufenden Muskelfaserschichten, die ziemlich dicht nebeneinander liegen. Zwischen ihnen finden sich nur geringe Mengen kollagen-faserigen Bindegewebes, dafür um so mehr feine elastische Fäserchen, die korkzieherartig gewunden, besonders zahlreich im inneren und mittleren Medialdrittel sind. Sie färben sich mit Elasticafarbstoffen gleichmäßig schwarz-braun.

Nach außen wird die Media durch eine wechselnd breite Adventitia begrenzt. Diese ist in manchen Fällen doppelt so dick wie die Media. Die elastischen Fasern dieser Schicht sind bedeutend breiter als die der Media. Sie verlaufen zirkulär und verdichten sich nach innen zu einer ziemlich stark gefalteten äußeren Grenzlamelle, die stellenweise in ihrem Verlauf unterbrochen ist.

Die Trabekel- und Follikelarterien der Milz zeigen einen ganz ähnlichen Wandaufbau. Auch an den Follikelarterien ist eine innere und äußere elastische Membran zu erkennen. Die Endothelzellen sind meist weniger flach und ähneln bezüglich ihrer Zellkerne Fibroblasten. Die Media besteht aus etwa 2—3 Ringmuskellagen, die von zarten elastischen Fäserchen umsponnen werden. Die äußere Wandschicht ist etwa halb so breit wie die Media und besteht aus locker gelagerten elastischen Fasern.

Schon im 2. Lebensjahr ist die innere elastische Lamelle verdoppelt bzw. vervielfacht, d. h. in geringem Abstand von der 1. Lamelle ist lumenwärts eine 2. Membran ausgebildet, die gleichfalls stark geschlängelt verläuft, aber im Gegensatz zur ersten bei Färbung mit Elasticafarbstoffen keine unterschiedliche Farbtönung aufweist, sondern ebenso wie die feinen elastischen Fäserchen gleichmäßig dunkelbraun-schwarz tingiert ist. Sie ist nicht so breit wie die Ausgangslamelle. Die Innen- und Außenseite ist glatt. Beide Lamellen liegen meist sehr dicht nebeneinander, treffen sich an verschiedenen Stellen, verschmelzen zu einer einzigen Membran, um sich nach mehr oder weniger kurzem Verlauf wieder zu trennen. Zwischen beiden Lamellen liegt ein sehr lockere, durchsichtiges, faserarmes Bindegewebe. Das Endothel liegt der neugebildeten elastischen Lamelle unmittelbar an. Bemerkenswert erscheint uns für diese Altersstufe die Feststellung, daß zwischen dem 1. und 5. Lebensjahr die Follikelarterien relativ häufig, teilweise oder vollkommen hyalinisiert sind. In 6 Fällen beobachteten wir 4mal eine Hyalinose der Follikelarterien. Das erste Mal handelte es sich um einen 2jährigen männlichen Säugling, die 2 weiteren Fälle betrafen je ein 3jähriges Kleinkind und der letzte Fall einen 4jährigen Jungen.

Ab 13. Lebensjahr ist die Elastica interna in allen Fällen aufgespalten. Ihre Innenseite ist häufig fein gezähnt oder zeigt kleine knopfartige Verdickungen. An anderen Stellen ist die Elastica in verschieden weiten Abständen wurstartig eingeschnürt, rissig, stark verschmälert und in ihrem Verlauf mehrfach unterbrochen. Durch die häufig sehr engen Lücken der Elastica wachsen von der inneren Media senkrecht, zur elastischen Lamelle spitzspindelige, glatte Muskelzellen zusammen mit lockeren kollagenem Bindegewebe in die Intima ein. Diese Muskelfasern sind in der Intima gewöhnlich längs orientiert und liegen in dem Raum zwischen innerer Grenzlamelle und abgespaltener Membran. Diese ist nach vollständiger Abspaltung breiter als die Mutterlamelle geworden. Häufig erscheint sie wie gestaucht. Sie ist in ihrer Kontinuität unterbrochen und in sich aufgesplittert. Nach innen schließen sich ihr langfaserige elastische Elemente an mit deutlich lamellärer Schichtung. Glatte Muskelzellen sind in diesen Lagen nicht vorhanden.

Im inneren Mediadrittel sind die meist gestreckt verlaufenden elastischen Fasern meist vermehrt und nur selten vermindert. Regelmäßig besteht aber dieser Teil der Media aus einem wechselnd breiten van Gieson-roten kollagenfaserigem Gürtel, der nur sehr wenige glatte Muskelfasern enthält. Diese sind atrophisch, schmal und an den Enden ausgefranst. Die Zellkerne sind klein und pyknotisch, vereinzelt aber auch auffallend groß. Im mittleren Mediadrittel stehen die Muskelfasern ziemlich weit auseinander, zeigen aber hinsichtlich Form und Verlauf ein mustergültiges Verhalten. Die Zellkerne sind längs-oval mäßig, chromatinreich und alle von gleicher Größe. Das kollagen-faserige Bindegewebe zwischen den Muskelfasern ist vermehrt, die elastischen Fasern sind vermindert, sehr dünn und lang. Im äußeren Mediadrittel sind die Muskelfasern dichter gelagert und enthalten dementsprechend nur geringe Mengen lockeres Bindegewebe.

Die Adventitia ist wechselnd breit und besteht aus groben meist zirkulär angeordneten elastischen Fasern, die unterschiedlich lang sind und sich gegen die Media hin zu einer äußeren Grenzlamelle verdichten.

Die intralienalen Gefäße zeigen gegenüber denen der 1. Gruppe keine Besonderheiten. Bei 11 zur Untersuchung gelangten Milzen konnten wir 4mal eine Hyalinose der Follikelarterien feststellen. Es handelte sich dabei um Individuen, die im 11., 12., 13. und 18. Lebensjahr standen. Die nach van Gieson gelb gefärbten, auf dem Querschnitt scheibenartigen Gebilde sind von unterschiedlicher Größe und liegen einwärts der Elastica interna. Sie sind sudanpositiv und drängen bei Vergrößerung die Elastica nach außen. Später liegen sie in der atrophischen Media.

In der zuletzt beschriebenen Altersgruppe konnten wir sehen, daß die ersten regressiven Veränderungen im inneren Mediadrittel begannen. Diese werden ab 20. Lebensjahr häufiger und umfangreicher. Die Intima zeigt im wesentlichen keine Änderungen ihrer Wandstruktur. Sie ist von Fall zu Fall wechselnd dick und besteht aus einer mehr oder weniger stark gefalteten Elastica interna und einer flachen Endothelschicht oder aber aus einer Anzahl aufgespaltener elastischer Lamellen, die in ihrem Verlauf in sehr kleine Teilstrecken zerlegt sind. In solchen Fällen finden sich im inneren Mediadrittel gewöhnlich knotenförmige Längsmuskelbündel, die in breiter Lage die Elastica durchwachsen und die Intima an umschriebener Stelle flach-kugelig vorwölben.

Die Media ist schmal aber stets breiter als die Intima. Inneres und mittleres Drittel zeigen in der Mehrzahl der untersuchten Fälle recht erhebliche Umbauprozesse, die sich durch folgende Besonderheiten auszeichnen: Die Muskelfasern sind geordnet, liegen aber weit auseinander. Sie sind schmal, atrophisch und haben sich bei Färbung mit Elasticafarbstoffen wechselnd stark tingiert. Sie erscheinen dadurch fleckig und weisen an verschiedenen Stellen stärkere Ausblassungen und Erbleichungen auf. Das Cytoplasma ist körnig und schollig zerfallen. Die Faserkonturen sind unregelmäßig wie angefressen. In der Nähe der Zellkerne finden sich kleine, manchmal in Gruppen liegende, wasserklare Vacuolen. Die Zellkerne sind unterschiedlich groß, klein und pyknotisch oder gelappt und blasig aufgetrieben. Die Kernmembran ist wenig scharf, verdämmert und z. T.

aufgelöst. Andere Muskelfasern sind mehrkernig oder enthalten Zellkerne mit scharf konturierten wasserklaren Vacuolen. Einzelne Muskelfasern sind vollkommen nekrotisch und imponieren als blasse krümelig-bröcklige Gebilde. Die nekrotischen Muskelfasern werden durch reichlich viel relativ zellarmes van Gieson-rotes Bindegewebe ersetzt. Elastische Fasern finden sich innerhalb der regressiv veränderten Bezirke nur in bescheidenem Maße. Das äußere Mediadrittel ist in der Regel unbeteiligt. Die Muskelfasern liegen dicht nebeneinander und werden von elastischen Fäserchen umsponnen.

Die Adventitia ist meist ziemlich dürftig entwickelt, ihre elastischen Fasern sind grob, z. T. geschlängelt und relativ kurz. Eine äußere Grenzlamelle ist nicht immer voll ausgebildet.

Die intralienalen Gefäße sind von den beschriebenen Umbauprozessen nicht betroffen. Eine Hyalinose der Follikelarterien beobachteten wir bei insgesamt 16 untersuchten Milzen 7mal, und zwar handelte es sich um Personen zwischen dem 20. und 40. Lebensjahr. Die Hyalinose war voll ausgebildet und hatte meist den ganzen Gefäßumfang eingenommen. Im höheren Lebensalter (40.—60. Lebensjahr) nehmen die beschriebenen Mediaveränderungen an Umfang zu. Die Intima erfährt gewöhnlich eine weitere Verstärkung durch Ausbildung einer neuen Gewebsschicht. Diese liegt subendothelial und besteht im wesentlichen aus ziemlich derbem, kernarmem, fibrösem Bindegewebe, das weder elastische Fasern, noch glatte Muskelzellen enthält. Sie ist nicht in allen Fällen vorhanden und findet sich besonders gegen Ende des 50. Lebensjahres. Nach außen von dieser Schicht folgt eine solche, die sich vorwiegend aus elastischen Elementen zusammensetzt. Die elastischen Bestandteile sind entweder stäbchenförmig, klumpig oder bröckelig. Zwischen ihnen liegen vereinzelt längsorientierte Muskelfasern, deren Zellkerne klein und kreisrund sind. Mediawärts folgen meist kurze, sehr dicht liegende zirkulär verlaufende elastische Fasern, die von lockerem Bindegewebe und Längsmuskelbündeln durchsetzt werden. Nach außen wird die Intima durch eine Schicht aufgespaltener elastischer Lamellen abgegrenzt. Die vollentwickelte Intima besteht also aus einer Reihe von Schichten, von denen jede von ganz unterschiedlicher Dicke sein kann. In vielen Fällen ist nur ein Teil dieser Schichten vorhanden.

Die Umbauprozesse der Media haben an Umfang zugenommen und sind weiter fortgeschritten. In extremen Fällen sind im inneren und mittleren Mediadrittel die Muskelfasern fast vollkommen geschwunden. Die Muskulatur ist durch grundsubstanzreiches van Gieson-rotes Bindegewebe ersetzt, in dem Muskelzelltrümmer liegen, hypertrophische Muskelfasern mit großen Zellkernen und stark angefärbtem Chromatingerüst. Im äußeren Mediadrittel sind die Muskellagen meist noch erhalten. Zwischen dem Grad der Intimaverdickung und der Stärke der Mediaveränderung bestehen jedoch keinerlei gesetzmäßige Beziehungen. Beide Prozesse können vollkommen unabhängig voneinander bestehen. So beobachteten wir häufig nur geringgradige Intimaverdickungen bei sehr umfangreichen Umbauprozessen und andererseits starke Intimaverdickungen ohne jede Strukturänderung der Media.

Zusammenfassung.

In den ersten Lebensjahren besteht die Intima der Milzarterie aus einer einfachen von Endothel bedeckten, meist stark gefalteten, elastischen Lamelle, deren innere Hälfte sich hellgrau und deren äußere Hälfte sich mit Elasticafarbstoffen dunkelbraun-schwarz anfärbt. Sie ist schon in den ersten Lebenstagen aufgespalten und gewöhnlich verdoppelt. Zwischen beiden Lamellen finden sich längsorientierte glatte Muskelfasern, sowie geringe Mengen lockeren Bindegewebes. Während die Mutterlamelle meist glatt konturiert ist, ist die Innenseite der neugebildeten Lamelle häufig grob gehöckert und knopfförmig verdickt. Lumenwärts von dieser elastisch-muskulösen Schicht findet sich etwa gegen Ende des 1. Lebensjahrzehnts eine solche die ganz aus langen, dicht nebeneinander liegenden zirkulären elastischen Fasern besteht. Nach dem 40. Lebensjahr erfährt die Intima eine Verstärkung durch Einbau einer vorwiegend bindegewebigen Schicht. Diese enthält in manchen Fällen reichlich viele elastische Elemente von klumpig-scholligem bis stäbchenförmigem Aussehen. Die Media besteht bei Säuglingen und Kleinkindern aus mehreren Lagen zirkulär verlaufender glatter Muskelfasern und reichlich vielen spiralig gewundenen elastischen Fäserchen. Anfang des 2. Lebensjahrzehnts lockert sich das Gefüge der Muskelfasern des inneren Mediadrittels. Die Muskelfasern sind schmal und atrophisch, ihre Kerne klein und verklumpt. Ab 20. Lebensjahr findet man auch im mittleren Drittel herdförmigen Muskelfaserschwund, körnig-scholligen Zerfall sowie Ausblassungen und Erbleichungen der Muskelfasern, Mehrkernigkeit und Kernvacuolen. Im 4. und 5. Lebensjahrzehnt zeigt die Media derartige Umbauprozesse innerhalb ihres gesamten Umfanges. Das äußere Mediadrittel ist gewöhnlich nicht betroffen.

Die Adventitia ist schon im jugendlichen Alter von wechselnder Dicke und ist im Erwachsenenalter sehr dürftig entwickelt. Gewöhnlich ist eine äußere elastische Grenzlamelle nur im Kindesalter vorhanden.

Die ersten Ablagerungen hyaliner Kugeln beobachteten wir in der Wandschicht von Follikelarterien bei Kindern zwischen dem 2. und 4. Lebensjahr. Mit zunehmendem Lebensalter wird die Hyalinose der Follikelarterien häufiger.

Art. renalis.

Der Wandaufbau der Nierenarterie unterscheidet sich in ganz wesentlichen Punkten von dem der etwa gleichkalibrigen Milzarterie. Die Elastica interna ist stark geschlängelt und umläuft den Gefäßumfang in steilen Windungen. Der Unterschied der Färbbarkeit der äußeren und inneren Lamellenhälften mit Elasticafarbstoffen ist nicht sehr ausgeprägt. Die innere Lamelle ist gleichmäßig dunkelbraun-schwarz tingiert. Die Außenseite ist vollkommen glatt, die Innenseite zeigt verschiedentlich kleinere knopfförmige Verdickungen. Eine sehr dünne und schmale Bindegewebsschicht verbindet die Elastica interna mit dem Endothel. Dieses ist flachkubisch, enthält große Zellkerne ohne sichtbare Zellgrenzen. Schon bei Neugeborenen (2 Std) und Säuglingen (7 Tage) ist die Elastica interna an verschiedenen Stellen des Gefäßumfanges der Länge nach gespalten. Beide Lamellen liegen dicht nebeneinander. In manchen Fällen hat sich die Elastica interna nicht nur verdoppelt, sondern vervielfacht. Die aufgespaltenen Lamellen sind meist glatt konturiert und verschiedentlich in ihrem Verlauf unterbrochen.

Die Media setzt sich aus 10—12 zirkulären Lagen glatter Muskelfasern zusammen, die schon im frühen Kindesalter nur locker aneinandergefügt sind. Längsmuskelbündel haben wir an keiner Stelle beobachtet. Die Zellkerne der Muskelfasern sind längsoval, hell und chromatinarm. Zwischen den Muskelfasern finden sich nur geringe Mengen lockeren Bindegewebes.

Die Adventitia hat etwa die dreifache Breite der Media. Eine äußere Grenzlamelle ist regelmäßig vorhanden. Mit dem perivasculären Bindegewebe ist die Adventitia durch eine breite Schicht longitudinal verlaufende elastischer Fasern verbunden, zwischen denen sich verschiedentlich glatte Muskelfasern befinden.

In der 2. Hälfte des 2. Lebensjahrzehnts finden sich in der Media die ersten regressiven Veränderungen. Die Intima zeigt dagegen keine nennenswerten Besonderheiten. Die Elastica interna ist weniger stark geschlängelt und verschiedentlich aufgespalten. Zwischen den aufgespaltenen Lamellen liegen lockeres kollagen-faseriges Bindegewebe sowie längsorientierte glatte Muskelfasern. Eine nennenswerte Dicke erreicht die Intima in keinem Fall.

In der Media hat sich inzwischen der Abstand der Muskelfasern erweitert, besonders im inneren Mediadrittel erschienen die Muskelfasern schmal und an den Enden abgebröckelt. Sie sind ausgeblaßt und haben ein feinkörniges wie gekochtes Aussehen. Die Zellkerne färben sich weniger deutlich, zeigen verschiedentlich Chromatinanhäufungen in Nähe der Kernmembran. Innerhalb der Zellkerne treten kleinere scharf konturierte Vacuolen auf. Solche Veränderungen sind jedoch nur an wenigen Stellen der inneren Media feststellbar und nicht in allen von uns untersuchten Fällen vorhanden. Häufiger wird die Media in allen Teilen von breiten Bündeln elastischer Fasern durchsetzt, die sich besonders von der Adventitia abspalten, sich zu plumpen elastischen Bändern verdichten und so eng nebeneinander liegen, daß die Ringmuskellagen der Media kaum noch erkannt werden können. Eine besonders dichte Lagerung elastischer Fasern zeigt gewöhnlich das innere und äußere Mediadrittel. Die elastischen Fasern haben fast die Breite von elastischen Lamellen und verlaufen gewöhnlich gestreckt. Die Adventitia geht in solchen Fällen unvermittelt in die Media über. Beide Wandschichten sind dadurch nur schwer voneinander abgrenzbar.

Im 3., besonders aber im 4. Lebensjahrzehnt werden die beschriebenen Veränderungen innerhalb der Media häufiger. Sie betreffen in dieser Altersgruppe nicht nur das innere, sondern auch das mittlere Drittel. Die Muskelfasern erscheinen in solchen Bezirken zu kurz und sehen wie zerhackt aus. Sie sind im ganzen schmal, atrophisch oder schollig-bröckelig zerfallen und nekrotisch. Perinucleär finden sich im Cytoplasma der Muskelfasern kleine wasserklare Tropfen. Auch Kernvacuolen werden häufiger beobachtet. Die durch den Muskelfaserschwund entstandenen Lücken werden durch van Gieson-rote Zwischensubstanz ausgefüllt. Innerhalb der Zwischensubstanz liegen nur wenig Bindegewebszellen, dafür um so mehr elastische Fäserchen, die sehr dünn und zart stellenweise zu einem elastischen Filz verschmolzen sind und in ihrem Aussehen an Bilder erinnern, wie man sie bei sogenannter „Elastose" der altersatrophischen Haut findet. Besonders häufig zeigt das innere Drittel der Media eine Verstärkung durch ein dichtes elastisches Fasergeflecht. Dieses ist manchmal so engmaschig, daß dieser Teil der Media fast nur noch aus elastischen Elementen zu bestehen scheint. Auf den Wandaufbau der Intima haben die oben beschriebenen Umbauprozesse keinen Einfluß. Die Intima ist wie meist in der Nierenarterie außerordentlich dürftig entwickelt. Sie hat vielfach die gleiche Wandstruktur wie im Kindesalter und besteht im wesentlichen aus einer mehr oder weniger stark geschlängelten, meist jedoch gestreckt verlaufenden elastischen Lamelle, die verdoppelt bzw. vervielfacht ist. Ebenso wie die Intima bleibt auch das äußere Mediadrittel unberührt von den regressiven Veränderungen des inneren und mittleren Drittels. Die Muskelfasern sind dicht aneinandergefügt und färben sich nach van Gieson gleichmäßig intensiv gelb. Intermuskulär finden sich nur geringe Mengen van Gieson-rote Zwischensubstanz.

Im 5., 6. und 7. Lebensjahrzehnt verstärken sich die Umbauprozesse der Media. Die gesamte Media, häufig auch das äußere Mediadrittel, besteht nur noch aus ganz wenigen Resten glatter Muskelfasern, die ungeordnet und zusammenhanglos durcheinanderliegen. Die noch erhaltenen Muskelfasern sind meist sehr breit, kurz und plump, färben sich nach van Gieson intensiv gelb und enthalten sehr große, unregelmäßig gestaltete Zellkerne. Die zugrunde gegangene Muskulatur wird durch van Gieson-rote Zwischensubstanz ersetzt. Sie enthält feine kollagene Fäserchen, die wellenförmig und gebündelt sich verflechten. An anderen Stellen finden sich auffallend viele elastische Fasern oder kleinste elastische Fäserchen, die sich zu einem dichten gestrüppartigen unentwirrbaren Faserfilz verdichtet haben. Die Intima zeigt trotz des fortgeschrittenen Alters der untersuchten Individuen keine nennenswerten Verdickungen, insbesondere fehlen in der Mehrzahl der Fälle die für diese Altersstufe charakteristischen elastischen Intimahyperplasien. Die innere Grenzlamelle ist in ihrem meist gestreckten Verlauf vielfach unterbrochen und ist durch mehr oder weniger breite Lücken in verschieden lange Teilstrecken zerlegt, die Innenseite ist uneben und grobhöckerig. Innerhalb der Membran finden sich zahlreiche kleine runde bis ovale häufig miteinander konflurierte Hohlräume, die sich nach van Gieson dunkelrot anfärben.

Auch an der Adventitia sind keine Besonderheiten feststellbar. Sie hat verschiedentlich an Breite abgenommen und besteht im wesentlichen aus einer oder mehrerer Schichten locker gefügter elastischer Fasern und derbem kernarmem Bindegewebe.

Zusammenfassung.

Die innere Wandschicht der Nierenarterie ist im Kindes- und Erwachsenenalter einfach und übersichtlich aufgebaut. Sie besteht im wesentlichen aus einer im Kindesalter besonders stark gefalteten elastischen Lamelle, die schon im Säuglingsalter verdoppelt und vervielfacht sein kann. Zwischen den elastischen Lamellen liegen wenige glatte Muskelfasern und lockeres kollagen-faseriges Bindegewebe. In einigen Fällen schließt sich lumenwärts von den elastischen Lamellen bzw. der Elastica interna eine mehr oder weniger breite Schicht zarter elastischer Fäserchen an. Im höheren Lebensalter ist die innere Grenzlamelle häufig in ihrem Verlauf unterbrochen. Sie ist von unterschiedlicher Breite und wird von zahlreichen ovalen bis runden Hohlräumen durchsetzt, deren Inhalt sich nach VAN GIESON rot anfärbt.

Die Media besteht aus mehreren zirkulären Lagen glatter Muskelfasern und wird von breiten elastischen Faserbündeln durchsetzt, die zum Teil von der Adventitia abgespalten sind. Etwa ab 15. Lebensjahr traten im inneren Mediadrittel die ersten regressiven Veränderungen auf. Die Muskelfasern sind schmal, atrophisch und an Zahl vermindert. Die Zwischensubstanz nimmt zu, desgleichen die Masse elastischer Fasern. Im 3. Lebensjahrzehnt ist das mittlere und im 5. und 7. Lebensjahrzehnt darüber hinaus das äußere Mediadrittel umgebaut. Die Muskelfasern sind weitgehend geschwunden, nekrotisch und bröckelig zerfallen. Die noch erhaltenen Muskelfasern sind hypertrophisch, zeigen fleckige Ausblassungen, Kernvacuolen oder verminderte Färbbarkeit der Zellkerne. Die Zwischensubstanz hat an Masse zugenommen und enthält besonders im höheren Lebensalter reichlich viele zu einem gestrüppartigen elastischen Filz verdichtete Fasern. Die Intima ist im wesentlichen schmal und zeigt keinerlei reaktive Verdickungen. Die Adventitia ist breit und kräftig entwickelt und besteht aus inneren, zirkulär verlaufenden elastischen Fasern und äußeren longitudinal orientierten elastischen Faserbündeln, zwischen denen sich vereinzelt glatte Muskelfasern befinden. Erst im höheren Lebensalter nimmt die Dicke der Adventitia ab.

Art. hepatica.

Wie bei den bisher beschriebenen muskulären Arterien besteht die Intima bei Neugeborenen, Säuglingen und Kleinkindern aus einer in steilen Windungen verlaufenden homogen-elastischen Lamelle, die schon frühzeitig verdoppelt ist und lumenwärts durch flaches Endothel begrenzt wird. Beide elastischen Lamellen liegen dicht nebeneinander und vereinigen sich nach mehr oder weniger langem Verlauf zu einer einzigen Membran. Interlamellär finden sich häufig einige längsorientierte glatte Muskelfasern und lockeres kollagen-faseriges Bindegewebe. Die Mutterlamelle läßt häufig einen mehr hellgrauen äußeren und einen mehr dunkelbraun-schwarzen inneren Abschnitt erkennen. Die abgespaltenen Lamellen sind bei Färbung mit Elasticafarbstoffen dunkelbraun-schwarz, weniger stark gefaltet und in ihrem Verlauf häufig unterbrochen.

Die Media setzt sich aus 8—10 Lagen glatter Ringmuskelfasern zusammen, die eng aneinandergefügt sind. Die Zellkerne sind längsoval, an ihren Enden hakenförmig gekrümmt oder erscheinen im ganzen durch Kontraktion der Muskelfasern in der Längsachse gestaucht. Zwischen den Muskelfasern finden sich nur geringe Mengen kollagen-faserigen Bindegewebes, dafür um so mehr zarte elastische Fäserchen oder weitmaschige elastische Fasernetze.

Die Adventitia ist schmal und besteht aus wenigen zirkulär verlaufenden elastischen Fasern, die mediawärts eine äußere elastische Grenzlamelle bilden.

Schon im 7.—10. Lebensjahr sind innerhalb der Intima 2 Hauptschichten ausgebildet, die bis ins höhere Lebensalter hinein bestehen bleiben. Die eine Schicht besteht aus flachen glatten Längsmuskelbündeln und feinen elastischen Fäserchen. Sie liegt gewöhnlich interlamellär zwischen Membrana elastica interna und abgespaltenen elastischen Lamellen und kann im höheren Lebensalter eine recht beträchtliche Dicke erreichen. Die andere Schicht schließt sich lumenwärts der genannten muskulär-elastischen Schicht an. Sie ist weniger breit und besteht fast ganz aus zahlreichen dich nebeneinanderliegenden feinen elastischen Fäserchen, die häufig ein unentwirrbares elastisches Flechtwerk bilden. Diese Schicht stellt die elastisch-hyperplastische Schicht dar. Häufig treten im inneren Mediadrittel knotenförmige breite Längsmuskelbündel auf, durch die die Intima gegen die Gefäßlichtung vorgewölbt wird. Die Elastica interna ist an solchen Stellen häufig in ihrem Verlauf unterbrochen.

Im 2. und 3. Lebensjahrzehnt hat die muskulär-elastische Schicht an Umfang zugenommen, die glatten Muskelfasern sind stark gewuchert und bilden ziemlich große zusammenhängende Muskelbündel, die die lumenwärts abgespaltenen elastischen Lamellen breit durchwachsen und diese in kleine stäbchenförmige Gebilde zerlegen, die ungeordnet durcheinanderliegen und häufig das Aussehen kleiner elastischer Schollen haben. Auch die innere elastische Lamelle wird von glatten Muskelfasern des inneren Mediadrittels durchwachsen und durch sie in verschieden lange Teilstrecken aufgelöst. Innerhalb der Elastica interna finden sich kleine ovale unregelmäßig gestaltete Hohlräume, deren Inhalt sich nach van Gieson dunkelrot anfärbt.

In der Media hat sich das Gefüge der glatten Muskelfasern gelockert. Sie erscheinen stellenweise schmal und atrophisch. Zwischen ihnen befinden sich reichlich viel kollagen-faseriges Bindegewebe und lange schmale elastische Fasern. Irgendwelche Umbauprozesse zeigt die Media in dieser Altersgruppe noch nicht.

Die Adventitia ist dürftig entwickelt und besteht aus relativ kurzen, zirkulär orientierterten elastischen Fasern. Eine äußere Grenzlamelle ist nur in manchen Fällen vorhanden.

Im 4., 5. und 6. Lebensjahrzehnt findet man häufig eine zunehmende Verbreiterung besonders der muskulär-elastischen Intimaschicht. Die elastisch-hyperplastische Schicht ist dagegen weniger dick und besteht aus kurzen klumpigen elastischen Elementen, zwischen denen sehr feine argyrophile Fäserchen liegen. In manchen Fällen ist die Intima schmal und besteht wie im frühen Kindesalter aus einer an verschiedenen Stellen des Gefäßumfangs aufgespaltenen elastischen Lamelle, der das Endothel direkt aufsitzt.

In der Media finden sich jetzt erst regressive Veränderungen, die besonders die glatten Muskelfasern betreffen. Diese sind hauptsächlich im inneren, in einigen Fällen aber auch im mittleren Mediadrittel verschmälert, atrophisch, zeigen eine verschieden starke Färbbarkeit, fleckige Ausblassungen und vereinzelt auch körnig-scholligen Zerfall. Die Zellkerne sind ungleich groß und enthalten wasserklare scharf konturierte Vacuolen. Im ganzen stehen die Muskelfasern weit auseinander, sind dabei aber regelrecht angeordnet und zirkulär geschichtet. In vielen Fällen dieser Altersgruppe fehlen aber Umbauprozesse der Media vollkommen. Die Media erscheint dann nur im ganzen etwas aufgelockert und durch stärkere Ausbildung kollagen-faserigen Bindegewebes verbreitert. Im äußeren Mediadrittel liegen die Muskelfasern stets dicht beieinander und enthalten nur wenig van Gieson-rote Zwischensubstanz.

Im 7. Lebensjahrzehnt ist der Wandaufbau etwa der gleiche wie im 5. oder 6. Lebensjahrzehnt. Die innere Grenzlamelle ist starr und hat stellenweise ein stabartiges Aussehen, die äußere Intimaschicht hat sich auf Kosten der elastisch-hyperplastischen Schicht verschmälert. Diese ist breiter und enthält neben elastischen Fäserchen reichlich viel derbes fibröses und z. T. hyalinisiertes Bindegewebe. Die Muskelfasern der Media zeigen häufiger regressive Veränderungen, allerdings nie in dem Maße wie in der Nieren- und Milzarterie.

Zusammenfassung.

Die Intima der Art. hepatica besteht bei Neugeborenen, Säuglingen und Kleinkindern aus einer stark gefalteten elastischen Lamelle, die gewöhnlich verdoppelt bis vervielfacht ist und einer einfachen Endothellage. Schon im Kindesalter sind innerhalb der Intima 2 Gewebsschichten ausgebilet: die eine besteht aus vorwiegend elastisch-muskulären Elementen und liegt interlamellär medianahe in der äußeren Intimahälfte, die andere enthält vorwiegend elastische Bestandteile und nimmt die innere subendotheliale Hälfte der Intima ein. Im 3. und 4. Lebensjahrzehnt finden sich in der äußeren Intimahälfte breite knotenförmige Längsmuskelbündel, die die Elastica interna sowie die abgespaltenen elastischen Lamellen breit durchwachsen und diese in kleine stäbchenförmige elastische Bruchstücke zerlegen. Im 5. und 6. Lebensjahrzehnt ist die elastisch-hyperplastische Schicht meist breiter als die muskulär-elastische Schicht.

Die Media setzt sich aus mehreren zirkulären Lagen glatter Muskelfasern zusammen, die im frühen Kindesalter dicht nebeneinander liegen und in der Mitte des 2. Lebensjahrzehnts locker gefügt sind. Hier und da sind die Muskelfasern schmal, atrophisch-ausgeblaßt und am Rande körnig-schollig zerfallen. Das kollagenfaserige Bindegewebe zwischen den Muskelfasern ist vermehrt, relativ zellarm und reich an van Gieson-roter Grundsubstanz. In ihr finden sich meist weitmaschige elastische Fasernetze oder mehr oder weniger breite elastische Faserbündel. Im 5., 6. und 7. Lebensjahrzehnt zeigen die glatten Muskelfasern der Media häufiger regressive Veränderungen. Sie sind meist auf das innere und mittlere Mediadrittel beschränkt und nie so umfangreich wie in der Milz- und Nierenarterie. Die Adventitia ist im Kindesalter breit und im höheren Lebensalter schmal.

Art. thyreoidea superior.

Die Intima der Schilddrüsenarterie besteht bei Säuglingen, Neugeborenen und Kleinkindern im wesentlichen aus einer stark gefalteten elastischen Lamelle mit tiefen Windungstälern und Endothel, das entweder direkt der inneren elastischen Membran aufsitzt, oder einem schmalen faserarmen strukturlosen Bindegewebsstreifen. Aufspaltungen und Verdoppelungen der elastischen Membran finden sich erst relativ spät, etwa Ende des 2. oder 3. Lebensjahres. Die aufgespaltenen elastischen Lamellen liegen ziemlich dicht nebeneinander und stellen weniger ein homogenes elastisches Band dar als vielmehr einen aus kleinen elastischen Stäbchen bestehenden von breiten Lücken durchsetzten Streifen. Die innere elastische Membran zeigt an ihrer Innenseite einen körnigen elastischen Streifen, der der Elastica ein unebenes höckeriges Aussehen gibt, an anderen Stellen ist sie knotenförmig verdickt oder kolbig aufgetrieben, zeigt taillenartige Einschnürungen und Verschmälerungen, fleckige Aufhellungen und mehrfache Unterbrechungen. In einigen Fällen ist sie eigentümlich starr und versteift, ist weniger stark gefaltet und erscheint wie stäbchenartig zusammengesetzt. Die Enden der Unterbrechungsstellen sind entweder scharfkantig wie abgebrochen oder kolbig verdickt. Das Bindegewebe an solchen Stellen ist nach VAN GIESON rot angefärbt, enthält nur wenige elastische oder ergyrophile Fäserchen und hat ein homogenes hyalines Aussehen. Bei starker Vergrößerung erkennt man aber regelmäßig sehr schmale kollagene Faserbündel, die wie gequollen aussehen. Die neugebildeten elastischen Lamellen lassen derartige Veränderungen ihrer Struktur nur in seltenen Fällen erkennen. Zwischen den elastischen Elementen der Intima findet sich in der äußeren Hälfte entweder sehr lockeres kollagen-faseriges Bindegewebe mit glatten längsorientierten Muskelfasern, in der inneren Hälfte klumpige, bröcklige elastische Schollen. Auffallend ist, daß die neugebildeten elastischen Lamellen eine weit stärkere Affinität zu den Elasticafarbstoffen haben als die eigentliche Membrana elastica interna, die sich mehr hellgrau anfärbt.

Die Media ist in diesem Alter einfach strukturiert. Sie besteht aus 6—8 Ringmuskelschichten, die dicht gefügt sind. Zwischen ihnen findet sich nur wenig lockeres kollagen-faseriges Bindegewebe. Verstärkt wird die Muskulatur durch reichlich viele gestreckt oder geschlängelt verlaufende elastische Fäserchen, die besonders im inneren und mittleren Drittel gelegen sind. Die Zellkerne der Muskelfasern sind längsoval bis spitzspindlig. Sie erscheinen z.T. in der Längsrichtung gestaucht und an ihren Enden hakenförmig umgebogen. Das Chromatingerüst ist locker, Kernkörperchen sind häufig vorhanden.

Die Adventitia ist nicht sehr breit, die Elastica ext. ist viel dünner als die innere Grenzlamelle. Sie ist nicht in allen Fällen ausgebildet und wird besonders im höheren Lebensalter vermißt.

Im 2., besonders aber im 3. und 4. Lebensjahrzehnt finden sich nicht nur Veränderungen der inneren Grenzlamelle, sondern auch solche des inneren Mediadrittels. Die Media imponiert an solchen Stellen als breiter van Gieson-roter Streifen, den zirkulär den Gefäßumfang umläuft. Innerhalb dieses Streifens, der auch noch Teile der Intima einschließt, liegt die Membrana elastica interna, vielfach verschlungen und in verschieden lange Segmente zerlegt. Diese sind starr, scharfkantig und miteinander durch maulbeerartige Konkremente verbunden. Innerhalb der Segmente finden sich körnige Aufhellungen. An den Bruchenden der Membran liegen Zellen mit großem blasigem Zellkern, z.Z. auch einige glatte Muskelfasern. Die Grenzlamelle färbt sich mit Elasticafarbstoffen gewöhnlich hellgrau-gelblich. Die Ringmuskelschicht der Media ist durch Ausbildung des muskelfreien van Gieson-roten Streifens des inneren Drittels etwas verschmälert. Zwischen den Muskelfasern findet sich nur mäßig viel kollagen-faseriges Bindegewebe.

Die Adventitia ist gewöhnlich dürftig entwickelt. Bei stärkerer Ausprägung der Adventitia wird häufig eine Schichtenbildung deutlich: Es läßt sich ein innerer Streifen, in dem vorwiegend längs- oder spiralig-angeordnete Fasern vorwiegen, von einer äußeren lockergebauten Kollagenhülle unterscheiden. Die Kollagenbündel dieser Hülle sind fast ausschließlich longitudinal oder spiralig orientiert. Eine Membrana elastica externa ist nur selten nachzuweisen. Sie erreicht nie die Stärke der Membrana elastica interna, ist im wesentlichen aus einem Längsfasernetz aufgebaut und weist zahlreiche Unterbrechungen ihrer Kontinuität auf. Finden sich in der Adventitia auch Längsmuskelfasern, dann sind sie in das äußere lockere kollagene Gerüst eingeordnet.

Zwischen dem 40. und 50. Lebensjahr entwickeln sich parallel mit einer allmählichen Auflockerung des Mediagefüges breitere kollagene kernlose Streifen zwischen den Muskelfasern. Diese stehen weit auseinander, sind schmal und atrophisch und zeigen verschieden weit vorgeschrittene regressive Veränderungen. Die Menge der Muskelfasern ist deutlich vermindert. In manchen Fällen ist der Aufbau der Ringmuskelschicht weitgehend gestört, die Muskelfasern liegen ungeordnet und dissoziiert in der meist verschmälerten Media, sind verschieden lang und färben sich unterschiedlich stark mit Pikrinsäure an. Hier und da haben sich die Muskelfasern vollkommen aufgelöst und sind krümelig-bröcklig zerfallen. Die Zellkerne sind von unterschiedlicher Größe und werden z.T. von kleineren Vacuolen durchsetzt.

Die Intima ist nicht wesentlich verbreitert. Sie besteht im Prinzip aus einer vorwiegend muskulären bis kollagen-faserigen Bindegewebsschicht und einer elastisch-hyperplastischen Schicht, die sich aus körnig-scholligen elastischen Elementen zusammensetzt und nur wenige glatte Muskelfasern enthält. Die letztere Schicht ist im höheren Lebensalter etwas verbreitert.

Zusammenfassung.

Erst Ende des 1. Lebensjahres zeigt die Schilddrüsenarterie Aufspaltungen und Verdoppelungen der inneren Grenzlamelle. Diese verläuft in steilen Windungen und wird meist unmittelbar von Endothel bedeckt. Die Intima kann in drei verschiedenen Formen auftreten: Als schmaler kernloser Saum mit einem feinen körnigen elastischen Streifen an der Innenseite der Membrana elastica interna oder als breiterer elastischer Streifen, der von der Grenzlamelle abgerückt unmittelbar unter dem Endothel liegt, oder als elastisch-hyperplastische Schicht mit reichlich vielen elastischen Schollen und Körnern. Bei der sog. Aufspaltung der inneren Lamelle finden sich interlamellär einige glatte Muskelfasern sowie lockeres Bindegewebe. Mitte des 1. Lebensjahrzehnts ist die Kontinuität der inneren Lamelle mehrfach unterbrochen. An den Bruchstellen treten eine van Gieson-rote Substanz auf sowie große

Fibroblasten. Anfang des 2. Lebensjahrzehnts ist die Elastica interna in verschieden lange Segmente zerlegt, die eigentümlich starr und versteift sind. Die Media ist besonders zwischen dem 40. und 50. Lebensjahr aufgelockert, die Muskelfasern sind schmal, atrophisch und zum Teil nekrotisch zerfallen. Das kollagen-faserige Bindegewebe ist vermehrt, in manchen Fällen auch die Masse der elastischen Fasern, die in breiten Bündeln die Media durchflechten. Die Adventitia ist unterschiedlich dick, bei stärkerer Ausprägung läßt sich ein innerer Streifen mit längs- oder spiralig-angeordneten elastischen Fasern von einer äußeren locker gebauten kollagenen Hülle unterscheiden. Eine Elastica externa ist nur selten vorhanden. Sie erreicht nie die Dicke der inneren Grenzlamelle und ist aus dichten elastischen Längsfasernetzen aufgebaut. Finden sich in der Adventitia Längsmuskelfasern, dann sind sie in das äußere lockere kollagene Gerüst eingeordnet.

Absteigender Ast der Art. coronaria sinistra.

Im Gegensatz zu den bisher beschriebenen Gefäßen, bei denen die Entwicklung der Intima erst in den späteren Lebensjahren einsetzt, ist die Intima der Herzkranzgefäße im Bereich der von uns untersuchten Stelle schon bei der Geburt voll ausgebildet und von erheblicher Dicke. Im einzelnen finden sich bei Neugeborenen und Säuglingen folgende Besonderheiten: Die Elastica interna besteht nur an sehr wenigen Stellen des Gefäßumfanges aus einer homogenen elastischen Membran. Diese ist vielmehr in ihrem Verlauf von mehr oder weniger breiten Lücken durchbrochen und wird dadurch in verschieden lange Teilstrecken zerlegt, die nebeneinander liegen und das Aussehen einer unregelmäßig unterbrochenen Linie haben. Auffallend ist die wechselnde Dicke der Lamelle. Bald ist sie taillenartig eingeschnürt, bald plump und kolbig und an ihrer Innen- und Außenseite knopfartig verdickt oder feingekörnt. Sie verläuft meist gestreckt oder in flachen Windungen. Regelmäßig findet sich lumenwärts von dieser Lamelle eine zweite, die gleichfalls in kleine Teilstückchen aufgelöst ist. Ließ sich im Aufbau dieser beiden Lamellen noch eine gewisse Form und Ordnung feststellen, so erkennt man in der unmittelbar subendothelial gelegenen Schicht nicht mehr als ein wirres Durcheinander von sehr dichtliegenden elastischen Elementen, die teils kurzfaserig, teils gestreckt oder spiralig-gewunden verschiedengestaltete elastische Klumpen und Schollen darstellen. Diese Schicht ist verhältnismäßig breit und wird nach innen durch einen nicht immer deutlich sichtbaren Endothelbelag begrenzt. Weniger kompliziert als die Intima ist die Media aufgebaut. Diese besteht im äußeren Drittel aus sehr dichten Lagen glatter Ringmuskelfasern, die Muskelzellkerne sind oval und mäßig-chromatinreich. Im inneren Drittel liegen neben zirkulär verlaufenden Muskelfasern an verschiedenen Stellen des Gefäßumfangs umschriebene Längsmuskelbündel, die durch die Lücken der Grenzlamelle in das äußere Intimadrittel einwachsen und hier eine elastisch-muskulöse Schicht ausbilden. Häufig hat man den Eindruck, als hätten die wuchernden Muskelfasern die innere elastische Lamelle allmählich aufgesplittert und aufgelöst. Die elastischen Fasern sind sehr schmal und häufig korkzieherartig gewunden.

Die Adventitia enthält keine äußere Grenzlamelle. Die elastischen Fasern gehen meist unvermittelt in die Media über.

Mitte des 2. Lebensjahrzehnts ist die Auflösung der Elastica interna so weit fortgeschritten, daß die Intima-Mediagrenze kaum noch festgestellt werden kann. Die Elastica interna besteht nur noch aus sehr kleinen elastischen unregelmäßig gestalteten Schollen und ist durch die Unordnung ihrer Bestandteile kaum noch als Grenzlamelle ansprechbar. Auch die von der Media einwachsenden Längsmuskelbündel liegen ungeordnet zwischen den elastischen Fragmenten und sind an Masse vermehrt. Die bei jugendlichen Individuen relativ schmale, meist von 2 elastischen Lamellen begrenzte elastisch-muskulöse Schicht hat sich erheblich verbreitert. Durch den vollkommenen Aufbruch der elastischen Lamellen und durch die fehlende elastische Abgrenzung nach außen ist die Zuordnung dieser Schicht zur Intima erheblich erschwert. Die subendothelial gelegene elastisch-hyperplastische Schicht, die in den ersten Lebensjahren vorwiegend aus elastischen Elementen besteht, zeigt insofern Abweichungen, als sie jetzt ähnlich wie die elastisch-muskulöse Schicht von reichlich viel längsorientierten Muskelfasern durchsetzt wird und dadurch kaum von dieser unterschieden werden kann. Allein die Dicke der zwischen den Muskelfasern gelegenen elastischen Fäserchen kann als Unterscheidungsmerkmal herangezogen werden. Diese sind in der lichtungsnahen Schicht der Intima besonders zart und dünn gegenüber den mehr groben elastischen Fasern der äußeren Intima.

Während die Intima so bis zum 20. Lebensjahr auf eine recht erhebliche Dicke angewachsen ist, *ist die Media relativ schmal und in manchen Fällen nur halb so breit wie die Intima.* Die zirkulären Muskelfasern der Media stehen häufig weit auseinander, zeigen hier und da Ausblassungen und kleine chromatinreiche Zellkerne. Durch Erweiterung des Abstandes zwischen den Muskelfasern hat die Menge der kollagen-faserigen Zwischensubstanz zugenommen. Auch die Zahl der elastischen Fasern erscheint vermehrt, häufig in solchem Maße, daß die Media das Aussehen einer ganz aus elastischen Fasern bestehenden Gefäßwand erhält.

Die Adventitia ist nur schmächtig ausgebildet und besteht im wesentlichen aus zirkulären breiten elastischen Fasern und kernarmem straffem Bindegewebe. Eine äußere Grenzlamelle haben wir nicht beobachtet.

Bis zum 30. Lebensjahr erfährt Intima und Media keinen weiteren nennenswerten Umbau. Die Volumenzunahme der Gefäßwand erfolgt im wesentlichen durch Verbreiterung der bestehenden Intimaschichten. Selbstverständlich gibt es hinsichtlich der Dicke der Intima fließende Übergänge. Die Fälle, die wir hier in etwas schematischer Form beschrieben haben, sind deshalb lediglich als Regelfälle aufzufassen, die nach der einen oder anderen Seite abweichen können. So findet man gar nicht selten auch im 3. Lebensjahrzehnt elastische Lamellen, die dem jugendlichen Typ entsprechend verhältnismäßig geringgradig aufgesplittert sind und infolgedessen auch nur geringgradige Intimaverdickungen erkennen lassen.

Im 40. Lebensjahr kommt es zur Ausbildung einer 3. Intimaschicht, die sich der elastisch-hyperplastischen Schicht anschließt (Abb. 64) und fast ausschließlich aus lockerem Bindegewebe mit nur wenigen feinen elastischen Fäserchen besteht. Sie geht lumenwärts in eine plasmatische Schicht über, die meist ziemlich schmal und nicht immer voll ausgebildet ist. In dieser Schicht sind die elastischen Fäserchen noch zarter und imprägnieren sich mit Silbersalzen. Bei Färbung mit Elasticafarbstoffen hat diese Schicht ein schmutzig-graues Aussehen. Zellbestandteile fehlen in dieser Schicht fast vollkommen, nur hier und da trifft man uncharakteristische Rundzellen, die etwa die Größe von gelapptkernigen Leukocyten haben. Mit zunehmendem Alter wird die bindegewebige Schicht breiter, zellärmer und faserreicher; ist die Abgrenzung dieser Schicht gegenüber der elastisch-hyperplastischen Schicht in diesem Stadium der Entwicklung relativ einfach, entstehen in den frühen Entwicklungsstadien insofern Schwierigkeiten, als sich auch in dieser Schicht außerordentlich zahlreiche elastische Fäserchen finden, die ebenso dünn sind, wie die der außen anliegenden elastisch-hyperplastischen Schicht. Oft bestehen zwischen beiden Schichten fließende Übergänge, so daß wir nur von vorwiegend bindegewebigen oder vorwiegend

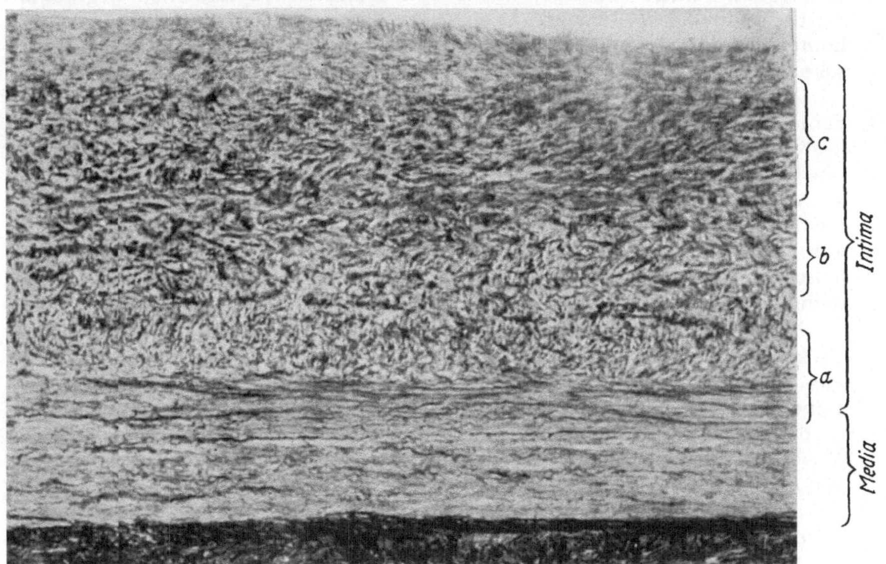

Abb. 64a—c. Art. cor. sin. desc. Vollentwickelte Intima mit deutlicher Dreischichtung. a Muskulär-elastische Schicht. b elastisch-hyperplastische Schicht. c Fibröse Schicht.

elastischen Schichten sprechen können. Die Abgrenzung beider Schichten ist aber bis zu einem gewissen Grade dadurch möglich, daß die in der bindegewebigen Schicht gelegenen feinen elastischen Fasern nicht longitudinal, sondern zirkulär verlaufen und mit den elastischen Fasern der hyperplastischen Schicht nicht unmittelbar verbunden sind, sondern sich eher selbständig entwickeln. Es hat deshalb den Anschein, als hätten sich die beiden äußeren Intimaschichten, die elastisch-muskulöse und die elastisch-hyperplastische Schicht aus der Media entwickelt, die beiden inneren Schichten aber aus einer Ansammlung plasmatischer Flüssigkeit, also durch appositionelles Wachstum.

Zusammenfassung.

Im Gegensatz zu den muskulären Organarterien beginnt bei den Herzkranzgefäßen der Prozeß der Intimaverdickung bereits in den ersten Lebenstagen (Wolkoff). Die Elastica interna hat bei Neugeborenen das Aussehen eines mehrfach unterbrochenen unregelmäßig-breiten, an der Außenseite zum Teil knotig-verdickten meist gestreckt-verlaufenden Bandes, das an verschiedenen Stellen von glatten Längsmuskelbündeln der Media durchwachsen mit einer 2. lumenwärts gelegenen Lamelle von ähnlichem Aussehen, die sog. elastisch-muskulöse Schicht bildet. Dieser Schicht schließt sich nach innen die elastisch-hyperplastische Schicht an, die ganz aus klumpigen elastischen Elementen besteht und durch Endothel gegen das Lumen zu begrenzt wird. In der ersten Hälfte des 1. Lebensjahrzehnts erfährt die innere Intimaschicht eine Verstärkung durch einwachsende Längsmuskelfasern. Die elastisch-hyperplastische Schicht nimmt dadurch gegenüber der elastisch-muskulösen Schicht erheblich an Breite zu. Im 30.—40. Lebensjahr kompliziert sich die Intimastruktur durch Hinzutreten einer bindegewebigen und plasmatischen Schicht, die sich der elastisch-hyperplastischen Schicht unmittelbar anschließen. Diese enthalten sehr feine zirkuläre, elastische und argyrophile Fäserchen, Bindegewebszellen und indifferente Rundzellen, aber keine Muskelzellen. Die elastische Lamelle ist in diesem Alter fast vollkommen aufgebraucht, so daß die Abgrenzung gegen die Media sehr erschwert ist. Diese zeigt schon bei Neugeborenen und Säuglingen neben zirkulär-angeordneten Muskelfasern besonders im inneren Drittel flache Längsmuskelbündel, die in die Intima hineinzuwachsen scheinen. Die Media ist im allgemeinen schmal und meist nur halb so breit wie die Intima.

Die elastischen Fasern der Adventitia sind zirkulär angeordnet und dicker als die der Media. Eine äußere Grenzlamelle ist weder bei jugendlichen noch bei alten Individuen vorhanden. Zwischen den Fasern findet sich straffes kernarmes Bindegewebe. Im ganzen ist aber die Adventitia sehr schmal.

Art. basalis cerebri.

Wesentlich einfachere und übersichtlichere Verhältnisse bietet die postembryonale Intimaentwicklung der Hirnbasisarterie. Eine Intima im strengen Sinne besteht bei Neugeborenen nicht. Es findet sich vielmehr ähnlich wie bei den muskulären Arterien eine starkgefaltete, vielfach gewundene elastische Grenzlamelle, die schon im frühen Kindesalter an verschiedenen Stellen des Gefäßumfanges aufgespalten sein kann. Häufiger ist die Elastica interna von ganz beträchtlicher Breite. Sie besteht aus zahlreichen elastischen Ringfasern, die einer glatten elastischen Grundlamelle aufsitzen. Die Innenseite der Membran zeigt in regelmäßigen Abständen zungenförmige Ausstülpungen (Abb. 65) oder eigentümlich plumpe bizarrverzweigte schollige Gebilde, die bis zur Grundlamelle herabziehen und durch van Gieson-rote Substanz miteinander verkittet werden, wodurch die Elastica das Aussehen einer „Raupenkette" bekommt. In anderen Fällen ist die sehr breite elastische Lamelle in regelmäßigen Abständen spindelartig aufgetrieben oder knotenförmig verdickt. Innerhalb der Membran findet man schon im frühen Kindesalter ovale bis kreisrunde Spalträume mit nach van Gieson-roter Substanz. Diese findet sich in geringen Mengen auch zwischen den lamellärgeschichteten elastischen Fäserchen. Manchmal ist die ziemlich kompliziert aufgebaute Membran aufgespalten oder verdoppelt. Eine aus kollagen-faserigem Bindegewebe und elastischen Fasern bestehende

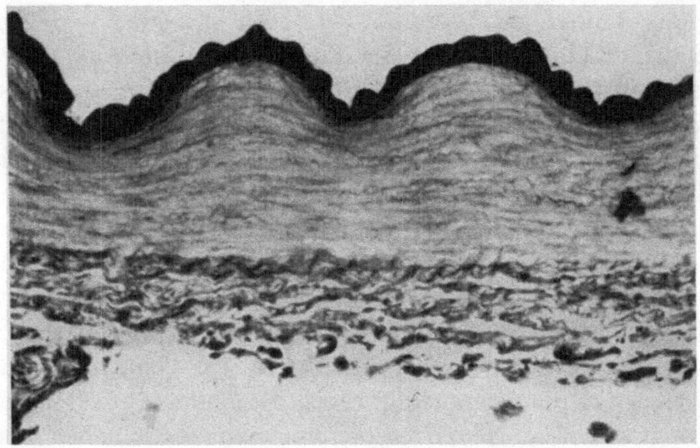

Abb. 65. Art. basalis cerebri. „Raupenkettenelastica" mit zungenförmigen Ausstülpungen. (Färbung: Elastica-van Gieson.)

Intima ist selbst im höheren Lebensalter nur selten vorhanden. Die Intima ist meist schmal und enthält nur sehr wenige glatte Muskelfasern oder elastische Fäserchen.

Einfach und unkompliziert ist auch der Wandaufbau der Media. Diese besteht aus 5—6 Ringmuskelschichten und nur wenigem kollagen-faserigem Bindegewebe. Eine Bindegewebszunahme findet sich erst zwischen dem 50. und 60. Lebensjahr. Die elastischen Fasern sind in der Regel nicht vermehrt.

Eine Adventitia ist weder im frühen Kindesalter noch im höheren Lebensalter ausgebildet. Die Media grenzt vielmehr an lockeres kollagen-faseriges Bindegewebe, das nur ganz wenige zarte, elastische Fäserchen enthält. Eine äußere Grenzlamelle ist nicht vorhanden.

Zusammenfassung.

Die Membrana elastica interna der Hirnbasisarterie ist schon bei Neugeborenen von ungewöhnlicher Dicke. Sie ist sehr kompliziert gebaut und besteht aus einer homogenen elastischen Grundlamelle, die etwa die Dicke einer gewöhnlichen elastischen Membran hat, sowie aus lamellär-geschichteten elastischen Ringfasern, die sehr eng nebeneinander liegen und zwischen sich geringe Mengen van Gieson-roter Grundsubstanz einschließen. Die Innenseite der Membran zeigt in regelmäßigen Abständen zungenförmige Ausstülpungen oder bizarr-verzweigte elastische Schollen und perforierte Platten, die durch van Gieson-rote Zwischensubstanz miteinander verkittet sind. Durch stärkere Einlagerung van Giesonroter Zwischensubstanz kann die elastische Membran in ihre Bestandteile aufgespalten werden. Eine eigentliche Neubildung elastischer Lamellen findet nicht statt. Die Media besteht vorwiegend aus einigen Ringmuskellagen und enthält nur geringe Mengen kollagen-faserigen Bindegewebes. Eine Adventitia oder Elastica externa ist nicht vorhanden.

D. Die Histochemie der Gefäßwandzwischensubstanz.

Nachdem wir den mikroskopischen Aufbau und Umbau der Gefäßwand in Abhängigkeit vom Alter untersucht und beschrieben haben, wollen wir uns mit den histochemisch nachweisbaren und mit zunehmendem Lebensalter vermehrt auftretenden organischen und anorganischen Bestandteilen der Gefäßwand genauer befassen und zum Schluß an Hand der gewonnenen Untersuchungsergebnisse die in der Einleitung erwähnten Fragen diskutieren. Die uns hier interessierenden histochemisch nachweisbaren Substanzen der Gefäße sind insbesondere

1. die sauren Mucopolysaccharide, auch metachromatische oder chromotrope Substanz genannt,
2. die Neutralfette und Lipoide,
3. die Calciumverbindungen.

Von diesen nehmen die sauren Mucopolysaccharide (abgekürzt: saure Mp.) der Gefäßwand eine besondere Stellung ein. Sie sind erstmals eingehend von Björling im Jahre 1911 beschrieben. Er fand in der Aorta der Art. tibialis und in der Art. umbilicalis eine Substanz, die sich mit Hämatoxylin blaßblau und mit polychromem Methylenblau hellrötlich anfärbte (Unna). Eine ähnliche Färbbarkeit des Gefäßbindegewebes ist vor Björling von v. Ebener (1870), Köster (1875), Grünstein (1896) und 30 Jahre später von Torhorst, Voigts und Tretjakoff gelegentlich beobachtet und kurz erwähnt. Aus diesen dem Mucin ähnlichen färberischen Eigenschaften haben die genannten Autoren auf die Schleimnatur dieser Substanz geschlossen. Sie findet sich nach eingehenden Untersuchungen Björlings besonders im inneren Mediadrittel und füllt dort den Raum zwischen Muskelzellen und elastischen Fasern aus. Sie ist frei von Zellkernen und enthält feine Fibrillen, die nach allen Richtungen geschlängelt das Aussehen netz- oder filzförmiger Baumwollfädchen haben sollen. BJÖRLING hielt deshalb diese Substanz für eine niedere Form fibrillären Bindegewebes und nannte sie besonders wegen ihres Schleimgehaltes „mucoides Gewebe". Dieses sollte sich von kollagenem und elastischem Gewebe durch besonderes Lichtbrechungsvermögen, Alkalilöslichkeit der Fibrillen, Resistenz gegen Kochen und Verdaubarkeit durch Trypsin unterscheiden.

11 Jahre später untersuchte A. SCHULTZ erneut diese Substanz, besonders hinsichtlich ihres Verhaltens bei atherosklerotischen Gefäßwandprozessen. Bei der Darstellung des Vorkommens chromotroper Substanz in normalen Gefäßen beschränkte er sich im wesentlichen auf die Aorta und die Schenkelarterie von Individuen zwischen dem 8. Lebensmonat und 24. Lebensjahr. Die mittelkalibrigen Gefäße sind von ihm nur kurz erwähnt und hinsichtlich ihrer Chromotropie nicht weiter berücksichtigt worden. Nach seiner Auffassung entspricht die Substanz, an die die Metachromasie gebunden ist „offenbar der Bindegewebsgrundsubstanz, die entweder selbst eine schleimige Masse darstellt oder mit einer solchen durchtränkt ist". Wie BJÖRLING versucht auch SCHULTZ, die Schleimnatur dieser Substanz nachzuweisen und sieht als Beweis dafür einmal die Chromotropie an, zweitens die Extrahierbarkeit der fraglichen Schleimsubstanz mit schwachen Alkalien und schließlich das verschiedenartige Verhalten der Bindegewebsgrundsubstanz in Paraffin- und in Gefrierschnitten. Bei den in Paraffin eingebetteten Gefäßen beobachtete SCHULTZ nach Färbung mit Kresylecht-violett eigenartige, wahrscheinlich durch Alkoholfällung des Schleims entstandene Gerinnungsfiguren, die das Aussehen von netz- und filzförmigen Fibrillen hatten und von BJÖRLING deshalb als Bestandteil des sog. mucoiden Gewebes aufgefaßt worden sind. In Gefrierschnitten dagegen, bei denen jede Anwendung von Alkohol vermieden wurde, ließen sich derartige Gerinnungsfiguren nicht nachweisen.

Nach Untersuchungen von SCHULTZ sollen zwischen elastischen Fasern und chromotroper Substanz enge morphologische Beziehungen bestehen. Letztere soll vor allem dort vermehrt sein, wo elastische Fasern neu gebildet werden. SCHULTZ glaubt deshalb, daß die Aufbaustoffe des Elastins von der chromotropen Substanz (chr. S.) geliefert werden könnten. Zu einer ähnlichen Auffassung gelangte auch SSOLOWJEW, der das Vorkommen chr. S. nicht nur mit der Neubildung elastischer, sondern auch mit der kollagener Fasern in Zusammenhang bringt. Er weist dabei auf Untersuchungen von RANKE, HUECK und D'ANTONA hin, nach denen elastische und kollagene Fasern nach einem indifferenten Vorstadium aus ein und derselben Grundsubstanz entstehen können.

Über die chemische Zusammensetzung chromotroper Substanz liegen quantitative Untersuchungen von MÖRNER, KRAWKOW, SCHMIEDEBERG, LEVENE und STALLMANN vor. Sie fanden übereinstimmend, daß die in der Gefäßwand gelegenen schleimähnlichen Stoffe im wesentlichen Chondroitinschwefelsäure (Ch.S.) enthalten. Der Nachweis dieses Stoffes in der Gefäßwand und sein Vorkommen und gleichartiges färberisches Verhalten wie beim Amyloid führten damals zur Bezeichnung „Aortenamyloid" (NEUBERG). Histochemisch konnte der Nachweis von Ch.S. in der Zwischensubstanz der Aorta lange Zeit nicht erbracht werden. Das Vorhandensein dieser Substanz ließ sich vielmehr nur indirekt aus der Basophilie und durch vergleichende Untersuchungen von Geweben mit bekannter chemischer Zusammensetzung und gleichartigem färberischem Verhalten indirekt erschließen. Auch das unterschiedliche Verhalten gegen Laugen und Säuren sowie Fällbarkeit und Niederschlagsbildung der Substanz wurden zu ihrer Identifizierung herangezogen.

1. Histochemische Untersuchungsmethoden zum Nachweis saurer Mucopolysaccharide.

Die histochemische Darstellung chr. S. gelang erst nach Aufklärung der chemischen Grundlagen der Metachromasie durch LISON. Er konnte nachweisen, daß die Metachromasie dieser Substanz im wesentlichen auf ihrem Gehalt an Ch.S. bzw. Esterschwefelsäure beruhe. In ihrer chemischen Zusammensetzung gehört die Ch.S. zu der großen Gruppe der Mucopolysaccharide. Unter dieser Bezeichnung werden von K. MEYER eine Reihe von Polysacchariden und polysaccharidhaltigen Proteinen zusammengefaßt, die alle eine Hexosaminkomponente wie Glucosamin oder Galaktose enthalten. Er unterscheidet saure und neutrale Mp. Die letzteren besitzen neben dem Aminozucker eine Uronsäure. Gewöhnlich handelt es sich dabei um die Glucuronsäure. Saure Mp., die sich aus diesen beiden Komponenten zusammensetzen, heißen einfache saure Mp. Hierher gehört z.B. die Hyaluronsäure, die aus N-Acetylglucosamin und Glucuronsäure besteht. Die Ch.S.

dagegen gehört zu den komplexen sauren Mp., die außer dem Hexosamin und der Uronsäure noch Schwefel- oder Phosphorsäure enthalten. Chemisch zeichnen sich die genannten Stoffe durch den Besitz von Glykolgruppen aus, d.h. sie tragen an benachbarten Kohlenstoffatomen reaktionsfähige Hydroxylgruppen. Durch Oxydation mit anorganischen Persäuren wie Perjodsäure können diese leicht unter Spaltung der Kohlenstoff—Kohlenstoffverbindung zu Aldehyden oxydiert und als solche mit Schiffs Reagens nachgewiesen werden. Dieser Reaktionsmechanismus liegt der histochemischen Nachweismethode von McMANUS und der fast zur gleichen Zeit von HOTCHKISS entwickelten Methode zugrunde, die von beiden im angelsächsischen Schrifttum abgekürzt als PAS-Reaktion bezeichnet wird. Da die strukturellen Voraussetzungen für die Reaktionsfähigkeit mit PAS nicht nur bei der Ch.S., sondern bei allen Mucopolysacchariden gegeben sind, kann allein mit der PAS-Reaktion nicht entschieden werden, um welche Mucopolysaccharide es sich im einzelnen handelt. Es sind deshalb zur Abgrenzung der Kohlenhydrate untereinander zusätzliche Untersuchungsmethoden erforderlich. So verwendet man zum Nachweis speziell der sauren Mp.

1. basische metachromatische Anilinfarbstoffe,

2. die Prüfung der Basophilie nach PISCHINGER und ZEIGER mit Bestimmung des isoelektrischen Punktes,

3. die Messung der Bindefähigkeit dialysierten Eisens nach HALE,

4. enzymatische Hydrolyse mit Hyaluronidasen.

Die chemischen Grundlagen des unter 1. genannten Verfahrens zum Nachweis saurer Mp. durch metachromatische Farbstoffe sind im wesentlichen durch die Arbeiten von LISON aufgeklärt worden. In diesen konnte er zeigen, daß sich eine Reihe chemisch verschiedener Substanzen (Chondroitinschwefelsäure, Mucoitinschwefelsäure, Agar-Agar, Meeresalgen) immer dann metachromatisch anfärben, wenn sie als gemeinsames Merkmal Esterschwefelsäuren vom Typ R—SO—OH enthielten. Wurde die Esterbindung dieser Stoffe gelöst, so verloren diese ihre chromotrope Eigenschaft. Andererseits entwickelten Substanzen, die gewöhnlich keine metachromatische Farbreaktion zeigten, wie Gummiarabicum, Cellulose, Glykogen, Alkohol und Carbolsäure regelmäßig nach Schwefelsäureveresterung eine starke Metachromasie, sobald sie als hochmolekulare Stoffe vorlagen. Demgegenüber hat WIAME den Kreis der metachromatischen Substanzen weitergezogen und allen hochmolekularen Stoffen mit sauren Gruppen metachromatische Eigenschaften zugesprochen. Die Polymerisation des Substrates soll nach seinen Untersuchungen eine Polymerisation des Farbstoffes und somit die Metachromasie erzeugen. Es kann heute als gesichert gelten, daß diese neuere Interpretierung den wirklichen Verhältnissen besser gerecht wird. Sie ist inzwischen durch eine Reihe von Beobachtungen bestätigt worden. So haben WISLOCKI, BUNTING und DEMPSEY, MEYER sowie ALTSHULER und ANGEVINE die schwefelsäurehaltige Hyaluronsäure metachromatisch angefärbt. Auch die Nucleinsäuren können nach den Untersuchungen von WISLOCKI, BUNTING, DEMPSEY und PEARSE eine Metachromasie erzeugen. In neueren Untersuchungen sind die metachromatischen Eigenschaften der Nucleinsäuren von LISON und MUTSAARS bestätigt und spektrophotometrisch charakterisiert worden. Trotz dieser bei den Nucleinsäuren beobachteten Metachromasie stellen jedoch nach wie vor die sauren Mp. das wichtigste Substrat der metachromatischen Färbbarkeit dar.

Bei der unter 2. angegebenen Methode wird die Bindefähigkeit einzelner Gewebselemente für basische Farbstoffe bei verschiedenen p_H untersucht. Als Maß für die Basophilie wird diejenige Wasserstoffionenkonzentration angegeben, bei der die sichtbare Bindefähigkeit für Methylenblau erlischt. Die Muco- und Glykoproteide sollen erst bei p_H 6, die sauren Mp. bei p_H 4 Methylen-blau annehmen können.

Das unter 3. genannte Verfahren beruht auf einer Bindung von dialysiertem Eisen durch die Schwefelsäure und Carbylgruppen der sauren Mp. Das gebundene Eisen wird mit der Berlinerblaureaktion im Schnitt nachgewiesen. Von neutralen Mp. soll das Eisen nicht aufgenommen werden. Die histochemische Bedeutung dieser Methode ist jedoch noch sehr umstritten. LILLIE, MOWRY und PEARSE haben gefunden, daß keineswegs nur saure Mp. Eisen binden können.

Die histoenzymatische Methode (4.) ist ein indirektes Verfahren zum Nachweis einiger saurer Mp. Diese können durch enzymatische Hydrolyse mit Hyaluronidasen aus dem Schnitt entfernt werden. Die Mucinasen sind von K. MEYER und Mitarbeitern in Autolysaten des Pneumococcus Typ II, im Ciliarkörper, in der Iris, in hämolytischen Streptokokken und im Clostridium Welchii gefunden worden. Ihr Vorkommen in Hodenextrakten haben zuerst CHAIN und

DUTHIE beschrieben. Die Wirkungsweise der Hyaluronidase besteht in einer hydrolytischen Spaltung der sauren Mp., die unter Abspaltung der Schwefelsäure über verschiedene Zwischenstufen zu Di- und Monosacchariden abgebaut werden. Dabei soll die Wirkung der Hyaluronidasen besonders auf saure Mp. mesenchymaler Herkunft beschränkt sein. Die epithelialen Mp. werden dagegen nicht angegriffen. Von besonderer Bedeutung ist die Feststellung, daß je nach Herkunft der einzelnen Hyaluronidasen diese eine verschiedene Substratspezifität besitzen, so kann z. B. die Hodenhyaluronidase, Hyaluronsäure, Schwefelsäureester der Hyaluronsäure und die Ch.S. abbauen, während die Pneumokokkenhyaluronidase nur Hyaluronsäure und Hyaluronschwefelsäure abzubauen vermag.

2. Angewandte Untersuchungsmethoden.

Für unsere eigenen Untersuchungen verwendeten wir die unter 1, 2 und 4 angegebenen Methoden sowie die PAS-Reaktion nach McMANUS. Im einzelnen gingen wir folgendermaßen vor: Die frisch entnommenen Gefäßstücke werden in 10%igem Formalin 24 Std fixiert und über Aceton eingebettet. Einige Gefäße werden 3 Tage, 2 Wochen, 3 Wochen und 6 Wochen in 10%igem Formalin fixiert. Andere werden erst 3 und 6 Tage nach der Entnahme fixiert und solange bei Zimmertemperatur oder bei + 6° in einer Petri-Schale aufgehoben. Die entparaffinierten Schnitte werden nach der Toluidinblaustandardmethode gefärbt.

Die Farbkraft und die Alkoholresistenz dieses Farbstoffes ist erfahrungsgemäß sehr unterschiedlich. Je älter der Farbstoff und je älter die Farblösungen, desto besser sind im allgemeinen die Resultate. Die deutschen Toluidinblaufarbstoffe haben sich nach Untersuchungen von CONN (1946) am besten bewährt. Die Gründe für dieses unterschiedliche Verhalten sind vollkommen unbekannt. Man hat geglaubt, daß ähnlich wie Hämatoxylinlösungen zur Erreichung optimaler Farbeffekte auch Toluidinblaulösungen einen Reifungsprozeß durchmachen müssen und diesen künstlich zu beschleunigen versucht. Man hat deshalb vor dem Gebrauch die fertigen Toluidinblaulösungen einen Monat bei konstanter Temperatur von 57° im Brutschrank aufbewahrt oder einige Minuten nach Zusatz von Oxydationsmitteln wie Permanganat oder Perjodat aufgekocht. Aber weder diese Eingriffe noch Bestrahlungen mit UV-Licht haben den Farbeffekt verbessern können. Für unsere eigenen Untersuchungen verwendeten wir Toluidinblau der Firma Grübler & Co., Leipzig. Die Lösung war bei Gebrauch 1 Jahr alt. Die Schnitte werden 4—6 Std in einer 0,5%igen wäßrigen Toluidinblaulösung gefärbt in destilliertem Wasser abgespült, mikroskopisch untersucht, in aufsteigender Alkoholreihe entwässert, in Toluol aufgehellt und eingedeckt in Cädax.

Entsprechend den Untersuchungen von MICHAELIS (1947) unterscheidet man 2 Formen der Metachromasie: Die β-Metachromasie und die γ-Metachromasie. Die dimere β-Form erscheint im Absorptionsspektrum als violette, die polymere γ-Form als rotes Band.

Daneben unterscheidet MICHAELIS noch die monomere α-Form mit blauem Band im Absorptionsspektrum. Während die γ-Form der Metachromasie relativ alkoholresistent ist und auf ihren Gehalt an Schwefelsäureestern beruht, ist die β-Metachromasie weniger alkoholresistent und zeigt das Vorliegen hochpolymerisierter Kohlenhydrate oder phosphathaltiger Verbindungen an. Gelegentlich können auch Nucleinsäuren eine β-Metachromasie zeigen (WISLOCKI, BUNTING, DEMPSEY). Neutrale Mp. sollen dagegen keine Metachromasie aufweisen.

Ausgehend von der Beobachtung von HESS, HOLLANDER und BENSLEY, wonach Schwermetalle eine besondere Affinität zu saurem Mp. haben und mit diesen unlösliche Schwermetallsalzverbindungen eingehen sollen, behandelten wir zur Erhöhung der Haltbarkeit unserer Präparate einen Teil der mit Toluidinblau gefärbten Schnitte nach Abspülen in Aq. dest. mit verschiedenen Schwermetallsalzen. Dabei stellten wir fest, daß unter den verwendeten Schwermetallsalzlösungen, wie Eisen-, Kupfer-, Zink-, Magnesiumsulfat und *Uranylnitrat, das letztere die Farbintensität der Metachromasie wesentlich verbesserte und die Leuchtkraft der metachromatischen Bezirke ganz erheblich erhöhte, so daß für farbphotographische Darstellungen der Schnitte die Behandlung mit Uranylnitrat sehr zu empfehlen ist.* Inwieweit die Haltbarkeit der Präparate erhöht wird, kann vorläufig noch nicht entschieden werden. Wie HENNEGUY (1891) bereits feststellte, hat auch die Oxydation mit Permanganat keinen Einfluß auf die Haltbarkeit der gefärbten Präparate, wohl wird dagegen die Basophilie des Gewebes erheblich erhöht, wie neuerdings DEMPSEY, SINGER und WISLOCKI erneut mitteilten.

Neben der Färbung mit Toluidinblau verwendeten wir die für saure Mp. spezifische *Färbung mit Alcianblau 8 GS nach* STEEDMAN (1950). Die Methode ist schnell und leicht zu handhaben. Die Schnitte kommen für 10—40 sec in eine frisch filtrierte wäßrige Lösung von Alcianblau, werden danach in dest. Wasser abgespült und 30 sec mit 1 %iger Neutralrotlösung gegengefärbt. Die sauren Mp. stellen sich in einem hellen Blaugrün dar. Bei längerer Färbezeit kommt es leicht zu einer Überfärbung.

Die PAS-Reaktion wurde nach der Vorschrift von McMANUS (1946) durchgeführt. Ähnlich ist die von HOTCHKISS angegebene Methode. Bei dieser werden nach Perjodsäureoxydation die Schnitte in eine reduzierende Spülflüssigkeit übertragen, um mit Sicherheit die Jodate und Perjodate aus dem Schnitt zu entfernen, die mit Schiffs-Reagens eine rötliche Färbung geben. Nach McMANUS und CASON (1950) ist jedoch diese Vorsichtsmaßnahme nicht nötig, wenn das Schiff-Reagens einen Überschuß an schwefliger Säure enthält und wenn es selbst im Überschuß angewendet wird.

Zur PAS-Reaktion benötigt man:

1. eine 0,5—0,8 %ige wäßrige Perjodsäurelösung,
2. Schiff-Reagens,
3. SO_2-haltiges Wasser.

Die beiden letzten Stoffe können auf verschiedene Weise angesetzt werden. Das Schiff-Reagens stellten wir nach der Vorschrift von GRAUMANN her. Es besteht:

1. aus 1,0 g basischem Fuchsin,
2. 3,8 g Natriumbisulfit,
3. 30,0 cm^3 nHCl,
4. 170 cm^3 Aqua dest.

Die Lösung wird nach 24 Std mit 0,3 g Aktivkohle 2 min lang geschüttelt und dann filtriert. Das SO_2-haltige Wasser besteht aus:

1. 6,0 cm^3 10 %igem Natriummetabisulfat,
2. 5,0 cm^3 nHCl,
3. 100,0 cm^3 Aq. dest.

Die Durchführung der Färbung ist einfach. Die entparaffinierten Schnitte werden:

1. 2—5 min in 0,5 %iger Perjodsäurelösung oxydiert,
2. gründlich in Aq. dest. ausgewaschen,
3. 15 min bei Zimmertemperatur in Schiff-Reagens gebracht,
4. 3mal 5 min mit SO_2-haltigem Wasser gespült,
5. gründlich mit Aq. dest. ausgewaschen,
6. entwässert und in gewöhnlicher Weise eingedeckt.

Neben dieser Reaktion werden Kontrollversuche durchgeführt zur Feststellung, ob ausschließlich unsubstituierte Glykolgruppen, die fast nur im Kohlenhydratmolekül vorkommen, von Perjodsäure oxydiert worden sind. MCMANUS und CASON gaben dazu folgende Methode an:

1. Kontrollversuch. Die Glykol-, ebenso aber auch Aminogruppen werden acetyliert und dadurch dem Zugriff der Perjodsäure entzogen.

Formel.

$$\begin{array}{c} | \\ \mathrm{HCOH} \\ | \\ \mathrm{HCOH} \\ | \end{array} + (\mathrm{CH_3CO})_2\mathrm{O} \rightarrow \begin{array}{l} \qquad\qquad\quad \mathrm{CH_3} \\ | \qquad\qquad\quad | \\ \mathrm{HC{-}O{-}C{=}O} \\ | \\ \mathrm{HC{-}O{-}C{=}O} \\ | \qquad\qquad\quad | \\ \qquad\qquad\quad \mathrm{CH_3} \end{array}$$

Durchführung. Die Schnitte werden aus destilliertem Wasser für 45 min in eine Mischung von 13,5 cm^3 Essigsäureanhydrid und 20,0 cm^3 Pyridin bei Zimmertemperatur eingestellt. Dann einige Minuten in gewöhnlichem und dest. Wasser gespült und der PAS-Technik wie beim Hauptversuch unterzogen. Bleiben danach die Schnitte ungefärbt, kann das Ergebnis des Hauptversuches auf das Vorhandensein von Glykol- oder Aminogruppen zurückgeführt werden.

2. Kontrollversuch. Nach der Acetylierung werden die Schnitte mit einer schwachen Alkalilösung wieder entacetyliert. Dadurch werden die ursprünglichen Hydroxylgruppen wahrscheinlich aber auch die Aminogruppen wiederhergestellt.

Formel.

$$\begin{array}{l} \quad\quad\quad\; CH_3 \\ \;|\quad\quad\;\; | \\ HC-O-C{=}O \\ \;| \\ HC-O-C{=}O \\ \;|\quad\quad\;\; | \\ \quad\quad\quad\; CH_3 \end{array} + 2\,KOH \rightarrow \begin{array}{l} \;| \\ HCOH \\ \;| \\ HCOH \\ \;| \end{array} + 2\,CH_3COOK$$

Durchführung. Die Schnitte werden wie beim 1. Kontrollversuch acetyliert, dann durch Einstellen in 0,1 n-Kalilauge für 45 min bei Zimmertemperatur entacetyliert, einige Minuten mit gewöhnlichem und dest. Wasser gespült und anschließend der PAS-Reaktion unterzogen. Die Kohlenhydrate färben sich nun wieder rot. Das positive Ergebnis weist auf das Vorliegen von Glykolgruppen hin. Positiver Reaktionsausfall ist nach HOTCHKISS nur dann möglich, wenn folgende Bedingungen erfüllt sind:

1. die erwähnten spezifischen Gruppen dürfen nicht substituiert sein,
2. die Substanzen müssen die Fixierungen überstehen,
3. das von der Perjodsäure gebildete Oxydationsprodukt darf nicht diffusibel sein und muß
4. eine genügende Zahl reaktionsfähiger Gruppen dem SCHIFFschen Reagens zur Verfügung stellen.

Die Methylenblauextinktion nach PISCHINGER und ZEIGER ist besonders zur Differenzierung von Mucoproteinen und saurem Mp. geeignet. Sie kann nach PEARSE ohne spektrophotometrische Untersuchung durchgeführt werden.

Der isoelektrische Punkt ist der Punkt innerhalb eines p_H-Bereiches, bei dem die Dissoziation der basischen NH_3-Gruppen und der sauren COOH-Gruppen der Eiweißkörper gleich ist. Wir verwendeten bei der Bestimmung des IP nach Vorschrift von PISCHINGER sowohl Gefrier- als auch Paraffinschnitte, die etwa gleich dick sein müssen. Diese dürfen nur durch reine Adhäsion mit dest. Wasser aufgeklebt werden. Man färbt nach Entparaffinierung mit gepufferten Methylenblaulösungen von verschiedenem p_H 10 min lang. Danach Abspülen mit Pufferlösungen von gleichem p_H etwa 1 min. Rasches Entwässern. Die Schnitte werden vor dem Entwässern unter dem Mikroskop untersucht. Die Herstellung der Puffer- und Methylenblaulösungen ist im „Romeis" § 1264 (1948) angegeben.

Für unsere *histoenzymatischen Untersuchungen* verwendeten wir 1. Testishyaluronidase, die uns als Kinetin der Firma Schering zur Verfügung stand, 2. Bakterienhyaluronidase aus Clostridium Welchii Typ A. Als Nebenenzyme finden sich in ihr Kollagenase ($\varkappa$-Toxin), Lecithinase (η-Toxin) und andere Lipasen und Esterasen. Die entparaffinierten Schnitte werden 3 Std bei 37^0 und p_H 7 in einer Enzymlösung (1 mg/cm^3) inkubiert, danach gründlich ausgewaschen und in einer wäßrigen 0,5%igen Toluidinblaulösung 20 min gefärbt und mit Kontrollschnitten verglichen.

Da uns Ribonuclease und Desoxyribonuclease für unsere Untersuchungen nicht zur Verfügung standen, verwendeten wir die von OGUR und ROSEN (1949) und später von ERICKSON u. a. (1949) entwickelte Extraktionsmethode, die auf Hydrolyse der RNA und DNA durch saure Gemische beruht. Zur Hydrolyse der RNA werden die entparaffinierten Schnitte 12—18 Std bei $+4^0$ mit 10%iger Perchlorsäure behandelt.

Zur Hydrolyse der RNA und DNA werden die entparaffinierten Schnitte bei 60^0 20—30 min lang mit einer 5%igen Perchlorsäurelösung behandelt.

Danach werden die Schnitte in einer 1 %igen Natriumcarbonatlösung neutralisiert (1—5 min) und mit 1 %iger wäßriger Toluidinblaulösung gefärbt. Die von DEMPSEY u. a. (1950) empfohlene Salzsäuredehydrolyse ist für das Gewebe weniger schonend.

3. Untersuchungsergebnisse.

Entsprechend den von uns verwendeten und eingehend beschriebenen histochemischen Methoden, untersuchten wir Vorkommen, Verteilung und Verhalten der Gefäßwandchromotropie nach:

1. wechselnd langer Formalinfixation,
2. Toluidinblaufärbung,
3. PAS-Reaktion,
4. Färbung mit gepufferter Methylenblaulösung,
5. Hydrolyse der RNA und DNA durch saure Gemische,
6. enzymatischer Hydrolyse durch Hoden- und Bakterienhyaluronidase.

Ad 1. Die *Dauer der Formalinfixation* hatte keinen Einfluß auf die Intensität der metachromatischen Farbreaktion. Auch die PAS-Reaktion zeigte keinerlei Farbänderungen. Die chr. S. der Gefäßwand war bei den nur einen Tag fixierten Gefäßen genau so gut darstellbar wie bei den 6 Wochen fixierten Arterien. Auch die Entnahmezeit der Gefäße ist für den Ausfall der Farbreaktion ohne jede Bedeutung. Noch 6 Tage p.m. war die Gefäßwandchromotropie bei den in einer Petri-Schale aufgehobenen Arterien deutlich nachweisbar. Diese Feststellungen stehen im Gegensatz zu den Befunden SYLVÉNS, der bei in Formalin fixiertem Material eine allmähliche Auslaugung chr. S. sah. Nach 1 tägiger Formalinfixation war die chr. S. dreifach, nach 4tägiger zweifach, nach 8tägiger und nach 20tägiger Fixation nur noch einfach positiv, also reichlich, mäßig und spärlich vorhanden. Er fixierte deshalb zur Darstellung chr. S. sein Untersuchungsmaterial nach dem Vorschlag von HOLMGREN und WILANDER (1937) mit 4 %igem basischem Bleiacetat und fand noch nach 20tägiger Fixation reichliche Mengen chr. S. vor. Für unsere Untersuchungen sahen wir keinen Vorteil in der Fixation mit Bleiacetat. Im Gegenteil, es treten bei dieser gewöhnlich sehr störende Niederschläge auf, die wir nicht entfernen konnten, außerdem sind die feineren Gewebsstrukturen weniger deutlich und prägnant als nach Formalinfixation.

Ad 2. Die chr. S. ist in den von uns untersuchten elastischen und muskulären Arterien *in allen Wandschichten nachweisbar*. Sie ist schon bei Neugeborenen, Säuglingen und Kleinkindern vorhanden und nimmt mit fortschreitendem Lebensalter kontinuierlich an Menge zu.

Die Intima der Aorta und der Halsschlagader von Säuglingen und Kleinkindern enthält entsprechend der relativ geringen Dicke dieser Wandschicht auch nur geringe Mengen chr. S. Sie hat in diesem Lebensalter ein hellrosa bis rosa Aussehen. Die innere Grenzlamelle färbt sich regelmäßig orthochromatisch. *Mit Verbreiterung der Intima im höheren Lebensalter nimmt auch die Menge chr. S. zu.* Sie hat häufig eine körnig-wabige z. T. auch fädige Struktur. Metachromatisch färben sich alle Bestandteile der Wandschicht mit Ausnahme der glatten Muskelfasern und der inneren elastischen Lamelle. Die abgespaltenen elastischen Lamellen, die elastischen und kollagenen Fasern und das Cytoplasma der Bindegewebszellen zeigen eine gleichmäßige Rotfärbung. Ab 40. Lebensjahr tritt eine Verschiebung der Farbintensität ein. Die subendothelialen Teile der Intima sind schwach rosa, die mittleren Schichten rot und die an der Innenseite der elastischen Membran gelegenen Abschnitte sind kräftig dunkelrot gefärbt. Innerhalb der elastischen Membran finden sich unregelmäßig gestaltete chromotrope Spalträume. Mastzellen haben wir nur in wenigen Fällen in der Intima nachweisen können. In der Media liegt die chr. S. in den interlamellären bindegewebigen Räumen in unmittelbarer Nachbarschaft der elastischen Lamellen. Auch um die Vasa vasorum finden sich reichliche Mengen chr. S. Wie in der Intima nimmt auch in der Media im höheren Lebensalter mit bindegewebiger Verbreiterung der interlamellären Räume die Menge chr. S. zu. Das gilt besonders für solche Bezirke, in denen es, wie bereits oben ausführlich beschrieben, zu umschriebenem Muskelfaserschwund mit Auflösung der elastischen Fasern gekommen ist. Die bei den elastischen Gefäßen meist bindegewebige Adventitia zeigt eine nur schwache Rotfärbung.

Sämtliche von uns untersuchten muskulären Gefäße enthielten unabhängig von Wandstärke und Lichtungsweite in allen Schichten reichliche Mengen chr. S. In der Intima zeigen besonders die in der Nähe der Membrana elastica interna gelegenen Abschnitte eine sehr intensive Metachromasie. Die Grenzlamelle ist farblos bzw. orthochromatisch, die abgespaltenen elastischen Lamellen, elastischen und kollagenen Fasern färben sich ebenso wie die Bindegewebszellen tief dunkelrot, während die Muskelfasern in einem dunklen Kobaltblau erscheinen. Eine intensive Metachromasie zeigen wöhnlich die tiefen Abschnitte der Intima und das innere Mediadrittel. Chr. S. findet sich zwischen den glatten Muskelfasern der Media und reichlich viel zwischen den elastischen Fasern und Lamellen der Adventitia. Mit zunehmender Auflockerung des Mediagefüges vermehrt sich auch die Menge chr. S. Besonders deutlich wird das in den Fällen, in denen die Muskelfasern zugrunde gehen und durch breite Züge kollagen-faserigen Bindegewebes er-

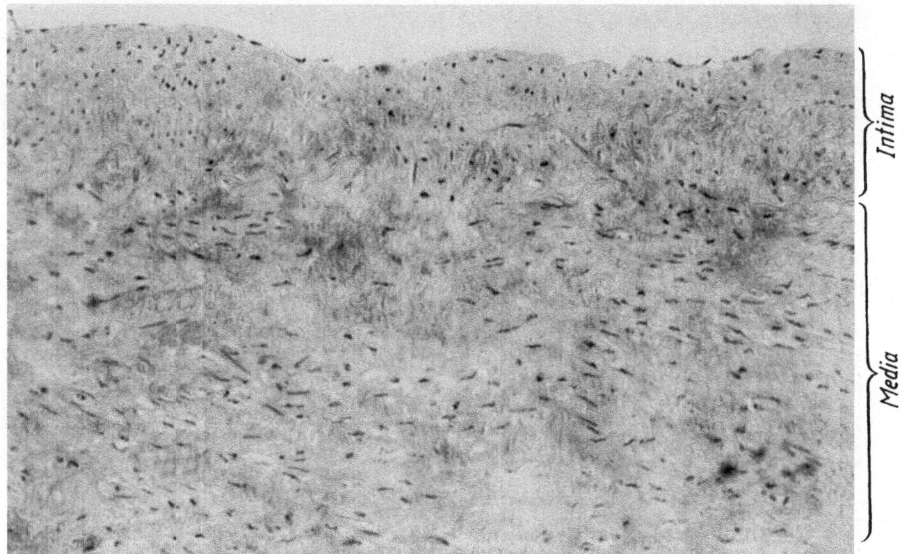

Abb. 66. Art. femoralis eines 56jährigen Mannes. Hochgradiger Schwund der glatten Muskelfasern der Media und Zunahme der chromotropen Substanz. a Intima. b Media (chromotrope Substanz zwischen den glatten Muskelfasern gelegen, im Bild: grauer Farbton) (Färbung: Toluidinblau).

setzt sind. Die Media ist dabei vorwiegend purpurrot gefärbt, die spärlichen noch erhaltenen Muskelfasern kobaltblau. Die Media erhält dadurch ein merkwürdig fleckiges Aussehen (Abb. 66). Subendotheliale Plasmaansammlungen sind stets orthochromatisch. Eine meist schwache Metachromasie zeigen die im höheren Lebensalter im Bereich des inneren Intimadrittels ausgebildeten Bindegewebsschichten. Die Media der Hirnbasisarterien enthält nur geringe Mengen chr. S. Die sehr breite und kompliziert aufgebaute innere Grenzlamelle der Art. basalis cerebri ist dagegen reich an sauren Mp. Keine Metachromasie zeigten die hyalinisierten Follikelarterien der Milz und die hyalinisierten Vasa aff. der Glomerula. In allen untersuchten Fällen zeigten die in Nähe der Membrana elastica interna gelegenen Abschnitte vorwiegend eine β-Metachromasie, die übrigen Teile der Gefäßwand teils β- teils γ-Metachromasie.

Hinsichtlich der Beurteilung der Menge chr. S. ist festzustellen, daß ihre Vermehrung keineswegs gesetzmäßig mit einer Steigerung der Farbintensität verbunden ist. Von der Intensität der Farbreaktion sind deshalb nur begrenzt Rückschlüsse auf die absolute Menge chr. S. zu ziehen. Ausfall und Intensität der Farbreaktion werden in erster Linie durch den Polymerisationsgrad der chr. S. bestimmt (PEARSE und PERSSON).

Systematische Untersuchungen über Vorkommen und Ver teilung chr. S. in der Gefäßwand sind bisher nur von BJÖRLING, SSOLOWJEW und SCHULTZ angestellt worden. Sie beschränkten sich im wesentlichen auf die Untersuchung der Aorta und der Art. femoralis und verwendeten zur Darstellung chr. S. Färbemethoden, die gewöhnlich zum Nachweis von Schleimen gebräuchlich sind. Da jedoch nach Untersuchungen von LISON, SYLVÉN u. a. die Chromotropie keineswegs nur an Mucine gebunden ist, sondern überall da auftreten kann, wo verschiedenartige Substanzen Esterschwefelsäure enthalten, mußten die erstgenannten Autoren hinsichtlich Vorkommen und Verteilung chr. S. zu Ergebnissen kommen, die von unseren Resultaten abweichen. Die Untersuchungsergebnisse von BJÖRLING, SSOLOWJEW und SCHULTZ lassen sich in folgenden Punkten zusammenfassen:

1. In der Aorta tritt die Chromotropie schon in den ersten Lebenstagen auf. Sie ist besonders im inneren Mediadrittel nachweibar. In der Intima der Aorta entwickelt sich die Chromotropie erst mit fortschreitender Intimaverbreiterung etwa im 1. Lebensjahrzehnt. Sie ist besonders an der Innenseite der Membrana elastica interna vorhanden.

2. Die muskulären Arterien enthalten in den ersten Lebenstagen keine chr. S. In den muskulären Arterien beschreibt SCHULTZ das erste Vorkommen chr. S. bei einem 10jährigen Kinde, SSOLOWJEW bei Individuen zwischen dem 18.—26. Lebensjahre (3 Fälle). In diesem Lebensalter erscheinen die ersten Spuren schwach metachromatischer Farbreaktion im inneren Intimadrittel. In der Media beschränkt sich das Vorkommen chr. S. im wesentlichen auf das innere Drittel.

3. Die Stärke der metachromatischen Färbung vermindert sich in der Wand der Aorta und der muskulären Arterien von innen

nach außen und unterliegt nach dem 30. Lebensjahr erheblichen individuellen Schwankungen.

4. Die chr. S. liegt gewöhnlich „in dem Zwischenraum zwischen den zelligen und den elastischen Elementen der Gefäßwand" (SSOLOWJEW).

Die von uns erstmals mit histochemischen Methoden durchgeführten systematischen Untersuchungen der Gefäßwand ergaben demgegenüber hinsichtlich Vorkommen und Verteilung chr. S. neuartige Befunde, die mit den Untersuchungsergebnissen von BJÖRLING, SSOLOWJEW und SCHULTZ nur zum Teil übereinstimmen. *Chr. S. ließ sich in den ersten Lebenstagen nicht nur in der Brust-Lendenaorta, sondern in allen oben beschriebenen Gefäßen nachweisen.* Wesentlich ist, daß die metachromatische Reaktion von vornherein voll ausgeprägt ist und hinsichtlich ihrer Intensität keinerlei individuelle Schwankungen zeigt. In der Intima beschränkt sich ihr Vorkommen keineswegs allein auf das innere Drittel, sie ist vielmehr besonders im jugendlichen Alter gleichmäßig auf alle Abschnitte der Intima verteilt. Erst im höheren Lebensalter mit Ausbildung einer breiten bindegewebigen fibrösen Schicht ist die Metachromasie an dieser Stelle ebenso wie in den subendothelialen plasmatischen Anteilen vermindert. Auch in der *Media* findet sich chr. S. nicht allein im inneren Drittel, sondern überall dort, wo bindegewebige Zwischensubstanz vorhanden ist. Im höheren Lebensalter ist die chr. S. der Media regelmäßig vermehrt. Neben der Zunahme chr. S. findet man gleichzeitig sehr ausgedehnte Umbauprozesse der Gefäßwand mit Schwund besonders der muskulären Bestandteile und Ersatz derselben durch kollagenfaseriges Bindegewebe. Eine Abnahme chr. S. nach der Adventitia hin haben wir in keinem Falle festgestellt. Die Adventitia zeigt gewöhnlich eine sehr intensive Metachromasie, besonders die der muskulären Arterien. Auch bezüglich der feineren Verteilung chr. S. stimmen wir mit den Untersuchungsergebnissen von SSOLOWJEW nicht überein. Die Metachromasie betrifft nicht nur, wie behauptet, den „Zwischenraum zwischen den zelligen und elastischen Elementen der Gefäßwand", sondern überdeckt vielmehr die kollagenen und elastischen Fasern und abgespaltenen elastischen Lamellen wie das Cytoplasma der Fibrocyten. Nur die elastische Grenzlamelle, die Muskelzellen und die Fibrocytenkerne bleiben davon frei und färben sich orthochromatisch, dunkel- bis blaßblau.

Ad 3. Verhalten der Gefäßwandchromotropie bei der PAS-Reaktion: Das Gefäßbindegewebe der von uns untersuchten elastischen und muskulären Arterien zeigt im ganzen eine nur schwache PAS-Reaktion. *PAS-positive Substanz ist bereits in der Gefäßwand von Neugeborenen und Kleinkindern nachweisbar.* Die Reaktion ist in allen Wandschichten deutlich, aber nicht sehr ausgeprägt. In der Intima ist sie schwächer als in der Media und in der Adventitia schwächer als in der Intima. PAS-positiv ist das Gefäßbindegewebe, die elastischen und kollagenen Fasern sowie das Cytoplasma der Bindegewebszellen. PAS-negativ sind die elastischen Lamellen der Aorta, die innere elastische Grenzlamelle muskulärer Gefäße, die glatten Muskelfasern und die Zellkerne. Im höheren Lebensalter, besonders bei Schwund der Mediamuskulatur und Ersatz derselben durch zellarmes, kollagenfaseriges Bindegewebe, färbt sich die chr. S. mit der PAS-Reaktion blaßgrau-rosa bis blaßgrau. Sie zeigt also ein gegensätzliches Verhalten wie nach Färbung mit Toluidinblau.

Wie bereits oben erwähnt, besteht die chr. S. der Gefäßwand nach Untersuchungen von MÖRNER, KRAWKOW, STALLMANN u. a. aus Ch.S. Sie gehört somit zur Gruppe der sauren Mp. und erfüllt als solche auch die strukturellen Voraussetzungen für die Reaktionsfähigkeit mit PAS. Die von uns in der Gefäßwand beobachtete im ganzen nur sehr schwache PAS-Reaktion ist deshalb nur schwer erklärbar, zumal andere chondroitinschwefelsäurehaltigen Gewebe wie Bronchialknorpel eine weitaus stärkere PAS-Reaktion zeigten. Auch die Durchführung des Acetylierungstestes nach MCMANUS und CASON ergab keine Aufklärung. Eine Substitution der reaktionsfähigen Hydroxylgruppen lag nicht vor. Im Gegensatz zu den nur schwachen PAS-Reaktionen der Gefäßwand ist die metachromatische Farbreaktion sehr intensiv und ausgeprägt. Ein ähnliches gegensätzliches Verhalten der Färbbarkeit haben wir kürzlich in Tumoren festgestellt. Besonders die Fibroadenome der Mamma, aber auch Parotismischtumoren ergaben eine nur schwache PAS-Reaktion ihrer Grundsubstanz, dagegen eine auffallend starke Metachromasie nach Toluidinblaufärbung. *Die PAS-Reaktion und die metachromatische Farbreaktion verlaufen also durchaus nicht immer gleichsinnig,* obwohl beide Methoden zum Nachweis saurer Mp. verwendet werden. Zum Teil ist dieses Verhalten durch den unterschiedlichen Wirkungsmechanismus beider Farbreaktionen erklärbar. Ungeklärt bleibt aber trotzdem die Beobachtung, daß die Ch.S. der Gefäßwand eine schwache, die Ch.S. des Knorpels aber eine sehr starke PAS-Reaktion aufweist. GLEGG u. a. vermuteten, daß die positive PAS-Reaktion des Knorpels durch andere Polysaccharide als Ch.S. zustande komme. DAVIES isolierte ein Natriumsalz der Ch.S. mit starker PAS-Reaktion, erörtert aber nicht weiter seine Befunde. Eine andere Erklärung für die nur schwache PAS-Reaktion der Ch.S. gaben kürzlich K.H. MEYER und Mitarbeiter. Nach ihnen soll ganz allgemein die PAS-Reaktion bei solchen Polysacchariden vermindert bzw. aufgehoben sein, bei denen die reaktionsfähigen Hydroxylgruppen durch Glykosidbindungen blockiert sind. Es sind das im besonderen die Polysaccharide, bei denen die Glykosidbindung durch das dritte Kohlenstoffatom erfolgt. In diesem Fall enthalten die Hexosebausteine keine benachbarten freien Hydroxylgruppen. Derartige 1,3-Glykosidbindungen sind in dem Polypyranosid Agar, in einem Hefepolysaccharid, im Polysaccharid Laminarin und im Kapselpolysaccharid des Pneumococcus Typ III aufgefunden worden. Ähnlich wie in diesen Polysacchariden soll auch in der Ch.S. die Glucuronsäure und die N-Acetylaminogalaktose durch 1,3-Glykosidbindungen miteinander verknüpft sein, so daß nur noch die beiden endständigen Einheiten der unverzweigten Kette Perjodsäure verbrauchen können.

Demgegenüber haben neuere Untersuchungen besonders von B.H. PERSSON und WOLFROM ergeben, daß die Ch.S. nach genügend langer Perjodsäureoxydation bei erheblichem Verbrauch von Perjodsäure eine starke PAS-Reaktion aufweist. Es scheint deshalb, als ob der Wirkungsmechanismus der PAS-Reaktion nicht nur von dem Vorkommen unsubstituierter Glykolgruppen, sondern auch noch von anderen Faktoren, besonders der Strukturierung des Moleküls, abhängig ist. Zumindest ist der Aufbau der Ch.S. nach diesen Untersuchungen nicht einheitlich. K.H. MEYER gelang es kürzlich, drei verschiedene Chondroitinsulfate zu isolieren. Sie sollen sich besonders in ihrem Verhalten gegen Hoden- und Bakterienhyaluronidase voneinander unterscheiden. Wir werden an anderer Stelle darauf noch einmal zurückkommen.

Ähnlich umstritten und unklar ist auch die Darstellung von Hyaluronsäure mit der PAS-Reaktion. Während HOTCHKISS, JORPES u. a. die Hyaluronsäure zu den stark positiven PAS-Substanzen rechnen, stellten JEANLOZ und BLIX fest, daß reine Hyaluronsäure bei der PAS-Reaktion nur sehr geringe Mengen Perjodsäure verbraucht, d.h., die PAS-Reaktion nur schwach positiv oder aber negativ ist. MEYER und FELLIG konnten diese Befunde bestätigen. JEANLOZ vermutete deshalb, daß die Hyaluronsäure ähnlich wie Ch.S. in der 1,3-Glykosidform vorliege. PERSSON überprüfte kürzlich diese Ergebnisse und fand in in vitro-Versuchen, daß der Nachweis der Hyaluronsäure durch die PAS-Reaktion und durch Färbung mit Toluidinblau in weitem Maße vom Polymerisationsgrad der Substanz abhänge. Hochpolymere reine Hyaluronsäure ist deshalb nach seinen Untersuchungen selbst nach verlängerter Oxydation PAS-negativ, aber deutlich metachromatisch und umgekehrt zeigt depolymerisierte Hyaluronsäure eine positive Reaktion mit Schiff-Reagens und abgeschwächte oder aufgehobene Metachromasie. Natürlich sind diese in vitro gewonnenen Ergebnisse nur mit einem gewissen Vorbehalt auf die Verhältnisse im Gewebsschnitt übertragbar. Wahrscheinlich sind in vivo die Dinge noch viel komplizierter und unübersichtlicher.

Ad 4 und 5. Die Bindefähigkeit der chr. S. für gepufferte Methylenblaulösungen wurde bei p_H 1,2, 1,4, 2,0, 2,62, 3,20, 3,62, 3,88, 4,1, 4,33 und 6,0 untersucht. Dabei stellten wir folgendes fest: Die in der Umgebung der Gefäßwand gelegenen Mastzellen färben sich deutlich bei p_H 1,2. In *Gefrierschnitten* zeigten das innere und mittlere Mediadrittel der Gefäße eine beginnende Farbstoffbindung bei p_H 3,20. In *Paraffinschnitten* stellte sich chr. S. erst bei p_H 3,88 dar. Mit zunehmender Alkalität stieg auch die Bindefähigkeit chr. S. für Methylenblau. Da erfahrungsgemäß die Nucleinsäuren, die Ribonucleinsäure und Desoxyribonucleinsäure im sauren p_H-Bereich ebenfalls Methylenblau zu binden vermögen, war es notwendig, diese vor Prüfung der Basophilie aus dem Schnitt zu entfernen. Wir mußten aus technischen Gründen auf die histoenzymatische Hydrolyse durch Nucleasen verzichten und extrahierten deshalb die Nucleinsäuren durch saure Gemische. Dabei ergab sich, daß auch nach Extraktion der Nucleinsäure keine Verschiebung des p_H nach der alkalischen Seite bei Darstellung der Gefäßwandchromotropie eingetreten war. *Es kann deshalb auf Grund der Bindefähigkeit chr. S. für Methylenblau bei einem p_H unter vier mit einiger Sicherheit ausgesagt werden, daß die chr. S. der Gefäßwand zum größten Teil aus Sulfatgruppen besteht.* Die Fähigkeit der Methylenblaubindung unter p_H 4 fand sich bei Gefäßen jeder Altersstufe, und zwar bei elastischen ebenso wie bei muskulären Arterien.

Ad 6. Die histoenzymatischen Untersuchungen der Gefäßwandchromotropie mit Hoden- und Bakterienhyaluronidase sind nach den Angaben von PEARSE durchgeführt. Der Wirkungsmechanismus der Hyaluronidasen auf Hyaluronsäuren wurde im wesentlichen von K.H. MEYER und Mitarbeitern aufgeklärt. Er unterscheidet zwei Aktivitätsphasen. In der ersten ziemlich schnell verlaufenden Phase wird die Hyaluronsäure depolymerisiert, in der zweiten langsamer verlaufenden Phase werden durch hydrolytische Spaltung Acetylglukosamin und Glucuronsäure freigesetzt. Im Prinzip hat man es also mit der Wirkung mindestens einer Depolymerase (1. Phase) und in der 2. Phase mit einer Mucopolysaccharase, Mucooligosaccharase und soweit Schwefelsäure in der Hyaluronsäure enthalten ist, mit einer Sulfatase zu tun. Die Hyaluronidase stellt demnach kein einheitliches Ferment, sondern ein Fermentgemisch dar. Im Zusammenhang mit dieser Wirkungsspezifität steht auch die Substratspezifität. Nicht alle Hyaluronidasen verschiedener Herkunft haben den gleichen Wirkungsbereich. Während rohe Testeshyaluronidase sowohl Hyaluronsäure und deren Schwefelsäureester und Knorpelchondroitinschwefelsäure abzubauen vermag, wirkt Pneumokokkenhyaluronidase nur auf Hyaluronsäure und Hyaluronschwefelsäure. Streptokokkenhyaluronidase kann schließlich nur noch Hyaluronsäure angreifen. Die Uneinheitlichkeit der Fermente und die verschiedene Substratspezifität lassen es deshalb unseres Erachtens zweckmäßig *erscheinen, zur Klassifizierung der ganzen Gruppe die Bezeichnung Hyaluronidase fallenzulassen und den alten Begriff Mesomucinase wieder einzuführen.* Es würde dadurch zum Ausdruck gebracht werden, daß nicht nur die Hyaluronsäure das Substrat darstellt, sondern im wesentlichen alle mesenchymalen Schleimsubstanzen. Durch die Bezeichnung Mucopolysaccharasen würde die Abgrenzung gegenüber den nicht angreifbaren epithelialen Mucopolysacchariden nicht scharf genug herausgehoben werden.

Ebenso uneinheitlich wie die Mesomucinasen sind auch ihre Substrate aufgebaut. Schon die Hyaluronsäure ist entweder als Schwefelsäureester vorhanden oder aber als einfache Säure, die aus Glucuronsäure oder Acetylaminoglucose besteht. Beide Säuren liegen in polymerer Form vor. Ihr Polymerisationsgrad ist von den verschiedensten Faktoren abhängig, wie p_H, Ionenumgebung und oxydierenden Agentien, und wechselt von Präparat zu Präparat. Selbst Präparate gleicher Viscosität können vollkommen verschieden sein: Das eine kann verhältnismäßig wenige aber hochpolymere Molekel enthalten, das andere umgekehrt viele aber nieder polymere Moleküle. Es können deshalb die durch enzymatische Hydrolyse mit Hyaluronidasen gewonnenen Ergebnisse nur in in vitro-Versuchen bei Verwendung gereinigter Enzyme und Substrate exakt ausgewertet werden, nicht dagegen an Gewebsschnitten, in denen eine Unzahl von Faktoren den Ablauf der Depolymerisation und Hydrolyse beeinflussen, besonders wenn die Schnitte vorher fixiert und eingebettet wurden. Darüber hinaus ist aber der Aktivitätsnachweis der Hyaluronidase im Gewebsschnitt dadurch erschwert, wenn nicht unmöglich gemacht, daß als Testfärbung zur selektiven Darstellung von Hyaluronsäure bis jetzt keine geeigneten Methoden zur Verfügung stehen. Im besten Fall erkennt man die Einwirkung der Hyaluronidase an einer geringeren Färbbarkeit, nicht aber an einem vollkommenen Schwund der Farbaufnahme. Neben der Toluidinblaufärbung wird besonders die PAS-Reaktion als Testfärbung für Hyaluronidase empfohlen. Abgesehen davon, daß reinste Hyaluronsäurepräparate sich mit der PAS-Reaktion überhaupt nicht darstellen lassen, tingiert sich ein Gewebsschnitt nach Hyaluronidaseeinwirkung bestenfalls geringer, jedoch nicht so, daß man dies für eine eindeut·ge histoanalytische Aussage verwerten könnte. Die Verhältnisse liegen also ähnlich unübersichtlich wie bei der Darstellung der Ch. S. durch dei PAS-Reaktion. Es ist deshalb nicht weiter erstaunlich, wenn bisher nur sehr widerspruchsvolle Untersuchungsergebnisse mitgeteilt worden sind. K. H. MEYER hat kürzlich wahrscheinlich gemacht, daß die chr. S. der Aortenwand aus Chondroitinsulfat B und C besteht. Von diesen beiden Stoffen soll Chondroitinsulfat B weder von Hoden- noch von Pneumokokkenhyaluronidase hydrolysiert werden können, Chondroitinsulfat C jedoch ausschließlich von Hodenhyaluronidase. Zu anderen Ergebnissen kam NEGRI und WEBER. Sie berichteten, daß der von ihnen verwendete Hodenrohextrakt sich gegen die chr. S. der Gefäßwände sehr aktiv verhielt und einen vollkommenen Verlust der Färbbarkeit mit Toluidinblau zur Folge hatte. ALTSHULER und ANGEVINE benutzten sowohl Hodenrohextrakt als auch gereinigte Hyaluronidasepräparate, haben aber weder mit der einen noch mit der anderen Substanz eine Farbänderung beobachten können. PEARSE schreibt dagegen, daß bei Verwendung relativ hochkonzentrierter Hodenenzyme die arterielle Metachromasie nach kurzer Einwirkungsdauer sowohl in Gefrier- als auch in Paraffinschnitten „reversibel" sei. *Wir selbst kamen zu dem gleichen negativen Ergebnis wie* ALTSHULER *und* ANGEVINE. Aus dem negativen Ergebnis *können wir jedoch das Vorhandensein von Hyaluronsäure nicht sicher ausschließen.* Im übrigen aber ist die am Gewebsschnitt durchgeführte enzymatische Hydrolyse nicht allzu hoch zu bewerten, da man auch bei positivem Ausfall nicht viel mehr aussagen kann, als daß die enzymatisch aufgespaltene Substanz zu den Mucopolysacchariden gehört, aus Chondroitinsulfat A oder C besteht, aus Hyaluronsäure oder aus einem Gemisch aller dieser oder einiger Substanzen.

4. Die Bedeutung der Gefäßwandmetachromasie.

In der Frage nach Herkunft und Bedeutung chr. S. gehen die Ansichten weit auseinander. KÖSTER nimmt an, die chr. S. entstehe in der Aorta durch Aufquellung der intimalen Grundsubstanz infolge Ansammlung von Lymphe aus den Vasa vasorum. BJÖRLING hält sie für ein besonderes Gewebe, während SCHULTZ und WERMBTER zwischen Chromotropie und Grundsubstanz enge Beziehungen annehmen und glauben, daß die Chromotropie an die Grundsubstanz „geknüpft" sei. SSOLOWJEW sieht in ihr einen normalen Bestandteil der Gefäßwand. Dieser Auffassung schloß sich später auch BOMPIANI an. Andere Autoren, wie VOIGTS, TORHORST und STEINBISS, bringen das Auftreten der Chromotropie mit regressiven Veränderungen der Gefäßwand in Zusammenhang. Dabei bestehen insofern Unterschiede in der Auffassung dieser Autoren, als TORHORST von einer „mucinartigen Degeneration" der verkittenden Grundsubstanz, VOIGTS und STEINBISS von einer „schleimigen oder hyalinen Entartung" des Gefäßbindegewebes sprechen. STUMPF, der eine große Reihe kindlicher Aorten untersucht hat, beschreibt eine „schleimige Degeneration" des Bindegewebes in der elastisch-muskulösen Schicht der Intima und bezeichnet die ödematös-schleimige bis hyaline Entartung des fibrillären Bindegewebes als „eine der häufigsten Degenerationsformen der Gefäßwand". BENEKE ist der Ansicht, daß die Mucoidsubstanz in der Gefäßwand durch Ablagerung modifizierten Materials aus der Lymphe entsteht und „wächst ähnlich dem ihr so verwandten Amyloid". RIBBERT, ANITSCHKOW und SUMIKAWA erklären das Auftreten chr. S. damit, daß eine flüssige Masse (Blutplasma) die Gefäßwand infiltriere und in den Lücken festwerde. ASCHOFF führt das Mucoid auf eine Imbibition der Gefäßwand mit Plasma zurück, wodurch es zu einer mucinösen Quellung der Gerüstsubstanzen kommen soll. FREY schreibt von der mucoiden Substanz werde angenommen, sie entstehe auf Kosten der glatten Muskulatur und elastischen Fasern; man wisse aber über die Entstehung dieses Stoffes noch recht wenig. HUECK glaubt, daß das Vorkommen von Mucoid der Ausdruck einer physikalisch-chemischen Desorganisation der Bindegewebsgrundsubstanz sei. Indem im Alter die Elastizität der Gefäßwand abnehme, werde der Saftstrom im Gewebe behindert. Infolgedessen werde es zu einer Saftstauung mit Quellung und schleimiger Entartung der Grundsubstanz kommen. KRAUSS gelangt zu dem Ergebnis, daß die chromotrope Masse die gallertig-schleimige Phase der alle Oberflächen mehr oder minder stark umhüllenden Grundsubstanz darstellt. WIESEL meint, die chr. S. könne durch hydropische Quellung der Gefäßwand entstehen, während SEGRE und KELLNER die chr. S. für ein erst sub finem auftretendes Produkt halten, das bei agonaler oder terminaler Kontraktion der Gefäßmuskulatur durch Plasmaauspressung entstanden sei. COSTA hält die chr. S. für Überreste embryonalen Mesenchyms und möchte sie beim Erwachsenen als Folge einer Mißbildung auffassen. ERDHEIM bringt das Vorkommen chr. S. mit regressiven Gefäßwandveränderungen in Zusammenhang. HOLZINGER versucht die Herkunft chr. S. aus dem Serum experimentell zu beweisen und durchtränkte Holundermarkscheiben im Vakuum mit menschlichem und tierischem Plasma. Der Inhalt der Maschenräume der serumdurchtränkten Holundermarkkugeln färbte sich aber weder in Gefrier- noch in Paraffinschnitten metachromatisch. Aus dieser Feststellung zieht er den Schluß, chr. S. könne nicht unverändertes Plasma sein. Er glaubt vielmehr, daß das in die Gefäßwand eingedrungene Blutplasma innerhalb der Gefäßwandschichten chemische Umwandlungen oder physikalische Zustandsänderungen erfahre und erst hierdurch jener Körper entstehe, der durch die metachromatische Färbbarkeit charakterisiert sei. NORDMEYER spricht in Analogie zu einer Lipoidose und Calcinose von einer Mucinose und möchte darunter gleichfalls eine durch Plasmaimbibition entstandene Schleimdurchtränkung der Gefäßwand verstanden wissen. SCHÜRMANN sieht die Ursache für die Vermehrung chr. S. in einer Durchlässigkeitsstörung der Endothelschranke. Dabei sollen hochmolekulare Eiweißstoffe in das Gewebe gelangen und bei Anwesenheit mucoider Grundsubstanz zu solcher aufgebaut oder aggregiert werden. HOLLE, SINAPIUS und W. W. MEYER diskutierten die Frage nach der Bedeutung chr. S. besonders im Zusammenhang mit der Frage nach der Pathogenese der Atherosklerose. SINAPIUS glaubt die chr. S. zur Gruppe der Hyaline rechnen zu müssen und bezeichnet sie in seinen Untersuchungen an Schilddrüsenarterien als chromotropes Hyalin, das er dem Adsorptions- und Kollagenhyalin (MÜLLER 1936) gegenüberstellt. W. W. MEYER fand im Frühstadium der Atherosklerose reichliche Mengen chr. S. in der Intima in Nachbarschaft von stärkerer ödematöser Durchtränkung. Er schreibt, auf den ersten Blick hätte man an eine schleimige Entartung des Gewebes denken können, dagegen spräche aber vor allem der Zellreichtum dieser Partien und andere Merkmale eines jungen in Wachstum und Differenzierung begriffenen Gewebes. HOLLE wendet sich entschieden gegen die Auffassung der Autoren, die die metachromatische Reaktion mit regressiven Veränderungen in Zusammenhang bringen und unter dem Begriff der „schleimigen Degeneration" zusammenfassen. Er betont, daß die Chromotropie nur bei intakter Gefäßwand vorkomme. TAYLOR fand in neuester Zeit an den Stellen mit herdförmiger Degeneration der Media eine Anhäufung chr. S. HALL, REED und TURNBRIDGE glauben, daß beim Zerfall elastischer Fasern chr. S. freigesetzt werde. BUNTING fügt dem hinzu, daß bei alleinigem Schwund der glatten Muskelfasern keine nennenswerte Anhäufung chr. S. beobachtet werde. Von GORE und SEIWERT werden diese Befunde bestätigt. RINEHART und GREENBERG hatten die chr. S. elektronenmikroskopisch untersucht und fanden in ihr, im Gegensatz zu den meisten anderen Autoren, außerordentlich zarte Fäserchen. GERSH glaubt, daß die Grundsubstanz des Bindegewebes ganz allgemein von Fibroblasten gebildet und abgegeben werde. Auch HAM schließt sich dieser Auffassung an. GROSSFELD konnte kürzlich den Prozeß der Granulabildung bei Fibroblasten in Gewebskulturen beobachten. Die Granula färbten sich mit einer Toluidinblaulösung (Verdünnung: 1:200000) deutlich metachromatisch. Die Metachromasie ging jedoch beim Absterben der Fibroblastenkulturen verloren. Hyaluronidase hatte keinen Einfluß auf die Stärke der Metachromasie. Mit dem Wachstum der Bindegewebszellen vergrößerten sich auch die Sekretgranula. Eine ähnliche Beobachtung hatte bereits MANZINI, SACERDOTE LUSTIG gemacht. Die Vorstellung, daß die Mastzellen (SYLVÉN, ASBOE-HANSEN, HOLMGREN und WILANDER STAEMMLER) chr. S. bilden und abgeben, erscheint nach BUNTING für die Gefäße, besonders für die Aorta, unwahrscheinlich, da sich Mastzellen in größerer Zahl gerade an den Stellen finden sollen, an denen chr. S. gewöhnlich vermißt werde, nämlich im adventitiellen Bindegewebe. In den inneren Wandschichten der Gefäße, in denen chr. S. am stärksten verbreitet sei, Mastzellen jedoch gewöhnlich fehlen. LINZBACH, der sich sehr ausführlich in verschiedenen Arbeiten mit Entstehung und Herkunft mucoider Substanzen auseinandergesetzt hat, glaubt, daß chr. S. bei Erschwerung des Stoffaustausches entstehe, im besonderen bei herabgesetztem Gewebsstoffwechsel, der zur Anhäufung von Zellstoffwechselprodukten in den Zwischensubstanzen führen solle. Er demonstriert die Entstehung chr. S. am Beispiel der Knorpelentwicklung und stellt fest, daß chr. S. zunächst in den am schlechtesten mit Nährstoffen versorgten zentralen Abschnitten abgelagert werde. Die Knorpelzellen sollen chr. S. nur dann produzieren, wenn die Verlangsamung des Stoffaustausches einen bestimmten Grad erreicht hat. Eine andere Möglichkeit sei die, daß chr. S. dauernd von den Knorpelzellen an die Intercellularsubstanz abgegeben werde, wobei der Abtransport chr. S. nur langsam erfolge oder vollkommen ausbleibe. Er glaubt, daß der Entstehung chr. S. in der Gefäßwand im Prinzip die gleichen Vorgänge zugrunde liegen. Daß die Zellen die Produzenten dieses Stoffes sind, hält LINZBACH für sicher, denn sobald die Zellen absterben, werde auch die chr. S. langsam aus dem Gewebe abgeschwemmt und die Zwischensubstanz nimmt einen eosinophilen Charakter an. Das gelte sowohl für den Knorpel wie für die Gefäßwand. Eine Demaskierung präformierter Substanzen des Bindegewebes im Sinne LETTERERS scheint LINZBACH ausgeschlossen. Wenn auch die Quellfähigkeit der in der Kittsubstanz askierten Schleimkörper groß sei, so sei doch eher anzunehmen, daß diese Substanz neugebildet werde, besonders, wenn sie in erheblicher Menge auftrete. Als wesentliches Moment für die Entstehung chr. S. bezeichnet LINZBACH den Grad der Bradytrophie eines Gewebsbezirkes. Die Bradytrophie eines Gewebes kann entweder von vornherein durch seine Anlage bedingt sein oder sekundär durch acidotische Zustände, allgemeine Stoffwechselherabsetzung oder durch Massenzunahme des Gewebes ohne gleichzeitige Capillarvermehrung.

Während also die älteren Autoren das Auftreten chr. S. in der Gefäßwand mit einer „schleimigen Degeneration" des Gefäßbindegewebes in Zusammenhang bringen oder auf eine Imbibition der Gefäßwand mit Blutplasma zurückführen wollen, *setzen sich die heutigen Autoren für eine celluläre Entstehung chr. S. ein.* Diese Auffassung ist jedoch nicht neu, sondern geht schon auf Untersuchungen VIRCHOWS zurück. VIRCHOW nahm an, daß die Fibroblasten das Bildungsmaterial für Grundsubstanz und Fibrillen abgäben. Damals wurde die VIRCHOWsche Sekretionstheorie von NAGEOTTE und von v. KORFF durch die Fibrillentheorie ersetzt, nach der aus Fibroblasten gebildete Fibrillen sich teilweise aus diesen loslösen und als solche die Grundsubstanz vorstellen sollten. Durch HANSEN, F. C. C. ROLLET, LAGUESSE, WASSERMANN u. a. wurde der Ort der Grundsubstanzbildung in das Exoplasmagebiet der Fibroblasten verlegt. Es entstand die Exoplasmalehre, die aus der Umbildungstheorie SCHULTZES hervorgegangen war. Das Exoplasma wurde als Vorstufe der Grundsubstanz angesehen und sollte im Laufe seiner Umbildung Konsistenzänderungen erfahren und durch Imprägnation mit Salzen oder anderen Stoffen funktionstüchtig gemacht werden.

Wir können die Annahme der cellulären Entstehung chr. S. in der Gefäßwand auf Grund unserer Untersuchungen weder ablehnen noch bestätigen. Von dem Vorhandensein von Granula, Fibrillen oder exoplasmatischen Umbildungen der Bindegewebszellen konnten wir uns nicht überzeugen. Wir müssen jedoch zugestehen, daß für die Feststellung solcher Feinheiten unsere Untersuchungsmethoden wenig geeignet erschienen. Auf Grund eigener Untersuchungsergebnisse ist es uns jedoch möglich, zu verschiedenen Punkten der LINZBACHschen Lehre von der Entstehung chr. S. Stellung zu nehmen. So überzeugend und folgerichtig seine Vorstellungen von der Entstehung chr. S. auch sind, so lassen sie sich doch in verschiedenen Punkten nicht mit den Ergebnissen der Untersuchungen anderer Autoren und mit den von uns gemachten Beobachtungen ganz in Übereinstimmung bringen.

Die Feststellung, daß das Auftreten chr. S. allein vom Grad der Bradytrophie eines Gewebes abhängig sei, steht im Widerspruch zu den Beobachtungen von HOLMGREN, SYLVÉN, GRAUMANN u. a., die chr. S. unabhängig von verminderten Stoffwechselprozessen im Gewebe vermehrt nachweisen konnten. Wir denken dabei in erster Linie an das Vorkommen chr. S. im embryonalen Gewebe, im jugendlichen capillarreichen Granulationsgewebe und im Bindegewebe schnell wachsender Tumoren. In allen 3 Fällen sind mit großer Wahrscheinlichkeit die von LINZBACH geforderten Voraussetzungen für das Auftreten chr. S. nicht gegeben. Ausführliche Untersuchungen über das Vorkommen chr. S. bei embryonalem, reparativem und blastomatösem Wachstum liegen in den Arbeiten von HOLMGREN, GRAUMANN, SYLVÉN, SSOLOWJEW und HIERONYMI vor.

HOLMGREN und später GRAUMANN haben festgestellt, daß menschliche und Mäuseembryonen in fast allen Geweben große Mengen chr. S. enthalten, während erwachsene Individuen chr. S. nur noch an wenigen Stellen aufweisen.

Für das reparative Wachstum hat SYLVÉN experimentell an Ratten nachgewiesen, daß saure Mp. bei Neubildung von Bindegewebe und bei Epithelregeneration schon am 2.—5. Tage nach Läsion der Bauchhaut sowohl im Bereich des Bindegewebes als auch „innerhalb wachsender Epithelzellen" auftreten können. (Wir selbst haben in gutartigen und bösartigen epithelialen Tumoren chr. S. innerhalb der wachsenden Epithelzellen in keinem Fall beobachtet.) Schon am 1. Tage nach der Operation und noch vor Einsetzen von Zellproliferationen zeigen die Capillarwände innerhalb der Wundzone eine stärkere Metachromasie. Am 2. Tage findet man meist um die Capillaren eine Wucherung junger mesenchymaler Zellen. Diese sind sternförmig verzweigt, bilden locker zusammengesetzte, anscheinend syncytiale Verbände und enthalten intercellulär große Mengen chr. S. Das am 6. Tage voll entwickelte Granulationsgewebe sei besonders reich an sauren Mp. Bei oberflächlicher Läsion der Epidermis beschreibt SYLVÉN das Vorkommen saurer Mp. in gefäßreichem Stratum papillare und im Cytoplasma der Epithelzellen. Die gleichen Beobachtungen machte SSOLOWJEW bei Untersuchungen der Regeneration der Gefäßwand.

In malignen Geschwülsten finden sich saure Mp. nach eigenen Untersuchungen vorwiegend in den unmittelbar den Tumor angrenzenden Bindegewebspartien. Dabei fiel besonders die gefäßnahe Lokalisation chr. S. auf. Diese Beobachtung veranlaßte uns damals, die Möglichkeit eines humoralen Antransportes chr. S. in Erwägung zu ziehen.

Aber auch in den Gefäßen beschränkt sich nach unseren Untersuchungen das Vorkommen chr. S. nicht ausschließlich auf die Wandabschnitte, die unter besonders schlechten Ernährungsbedingungen stehen, wie z. B. das innere Mediadrittel. Chr. S. findet sich vielmehr in den von uns untersuchten Gefäßen in allen Wandschichten auch im Bereich der von Vasa vasorum versorgten Anteile und in der Adventitia.

Als weiteren Faktor, der das Auftreten chr. S. begünstigen soll, bezeichnet LINZBACH die Massenzunahme eines gefäßlosen Gewebsbezirkes. So leitet er ab, daß bei Volumenzunahme eines Gefäßes das Verhältnis innere Oberfläche:Volumen ein für die Ernährung der Gefäßwand ungünstiges werde, da die Durchflutung der Gefäßwand mit Nährstoffen und Sauerstoff und der Abtransport der Schlacken bei möglichst großer Oberfläche und kleinem Volumen besser vonstatten gehe als bei kleiner Oberfläche und großem Volumen. Diese Überlegung ist zweifellos richtig, aber nur für den Fall, daß die Oberfläche bzw. der innere Radius des Gefäßes bei Zunahme der Wanddicke des Gefäßes konstant bleibt. Da jedoch der innere Radius, wie wir im 1. Teil dieser Arbeit zeigen konnten, in einem konstanten Verhältnis zur Dicke der Gefäßwand steht, *d. h. bei einer Dickenzunahme der Gefäßwand sich auch der innere Radius gesetzmäßig vergrößert und damit auch die innere Oberfläche, liegt u. E. bei altersmäßiger Volumenzunahme der Gefäßwand eine wesentliche Erschwerung des Stoffaustausches, die eine vermehrte Anhäufung chr. S. zur Folge haben könnte, nach Abschluß des Körperlängenwachstums nicht vor.* Wie zahlreiche Untersuchungen ergeben haben, liegt der Wert für $O_i : V$ in allen von uns untersuchten Gefäßen über 1, also in dem Bereich, in dem nach LINZBACH Ernährungsstörungen innerhalb der Gefäßwand nicht auftreten sollten. Trotzdem fanden sich auch bei solchen Gefäßen mit für die Ernährung der Gefäßwand günstigem $O_i : V$-Verhältnis sehr umfangreiche regressive Veränderungen mit Zunahme chr. S., über deren Entstehungsursache wir nichts aussagen können.

Als Beweis für die Bildung chr. S. durch Bindegewebszellen, insbesondere Fibroblasten, führt LINZBACH an, daß beim Absterben dieser Zellen die chr. S. langsam aus dem Gewebe abgeschwemmt werde und die Zwischensubstanz einen eosinophilen Charakter annähme. Wir haben jedoch demgegenüber bei regressiven Veränderungen des Gefäßbindegewebes mit Untergang von Bindegewebszellen und Muskelfasern eine Abnahme chr. S. nicht beobachten können. Die chr. S. erschien eher vermehrt und zeigte eine starke Metachromasie.

Durch diese Feststellung soll natürlich die Annahme der cellulären Entstehung chr. S. nicht in Zweifel gestellt werden, doch glauben wir, daß für die Entstehung des vermehrten Vorkommens chr. S. nicht nur eine Verlangsamung der Gefäßwanddurchflutung, sondern andere bisher noch unbekannte Faktoren von entscheidender Bedeutung sind.

5. Metachromasie und Faserentstehung.

Wie bereits oben erwähnt, nahmen schon BJÖRLING und SCHULTZ bei dem Versuch einer Deutung der Gefäßwandchromotropie besondere Beziehungen zur Faserentstehung an. SCHULTZ schloß aus der angeblich engen räumlichen Anlehnung chr. S. an die elastischen Fasern und Lamellen, daß sie Aufbaustoffe für das Elastin enthielte. In gleicher Weise wurde von SSOLOWJEW der Chromotropie für die Neubildung kollagener Fasern eine besondere Bedeutung zugeschrieben. Auch P. SCHÜRMANN brachte die Metachromasie mit elastisch-hyperplastischen Vorgängen der subendothelialen Gewebsschicht in Zusammenhang. HOLLE vertrat die Auffassung, daß der metachromatischen Substanz eine Bedeutung für die Genese sämtlicher Faserarten zukomme, und zwar solle das Auftreten der Farbreaktion weniger an die Anwesenheit von Fasern überhaupt als vielmehr an den Vorgang der Neubildung selbst gebunden sein. Stärke der Faserbildung und Intensität der Chromotropie sollen sich dabei vollkommen entsprechen. Diese Auffassung findet sich in Übereinstimmung mit Ergebnissen, die SYLVÉN bei der Untersuchung von experimentell erzeugtem Granulationsgewebe und bei der Epithelregeneration gewonnen hatte. Die bei diesen Vorgängen beobachtete Faserneubildung ist nach SYLVÉN regelmäßig von Chromotropie begleitet. Auch WISLOCKI, DEMPSEY und BUNTING stellen zwischen chr. S. und elastischem Gewebe enge Beziehungen fest. TAYLOR bringt allerdings das Vorkommen chr. S. nicht mit der Neubildung elastischer Fasern sondern mit regressiven Veränderungen elastischen Gewebes in Zusammenhang. Er beobachtete eine stärkere Anhäufung chr. S. bei Frakturierung und Fragmentation elastischer Fasern und glaubt entsprechend den Untersuchungen von HALL, REED und TURNBRIDGE, daß bei Faserzerfall chemische Bausteine der elastischen Fasern, Proteine, Schwefelsäure und Polysaccharide freigesetzt werden.

Um einen Ausgangspunkt für die Beurteilung der Beziehungen zwischen Faserentstehung und Chromotropie zu gewinnen, gilt es zunächst die Fragestellung schärfer zu fassen als es bisher geschehen ist. Rein gedanklich sind folgende genetische Zusammenhänge möglich: Die Chromotropie kann eine notwendige Bedingung für die Neubildung von Bindegewebsfasern in der Gefäßwand sein, es wäre dann zu vermuten, daß die Substanz besondere Stoffe für den Aufbau von Fasern enthält. Chromotropie kann aber auch als Folge der Faserentstehung im Zusammenhang mit gleichzeitigen Strukturänderungen des Gewebes auftreten.

Den Vorgang der Faserneubildung in der Gefäßwand *zeitlich* exakt abzugrenzen, ist häufig sehr schwierig und nur in ganz wenigen Fällen möglich. Das Zustandsbild, das uns der histologische Schnitt vermittelt, läßt nur in seltenen Fällen klar entscheiden, um welches Stadium es sich handelt, ob die Veränderungen frischer oder älter, ob sie in rascher Entwicklung begriffen oder bereits zur Ruhe gekommen sind. Im besonderen Maße gilt dies für die langsam fortschreitende Verbreiterung der Intima, die als elastische Hyperplasie bezeichnet wird. Sie scheint uns deshalb wenig geeignet, die notwendigen Kenntnisse zur Beantwortung unserer Frage zu vermitteln. Am ehesten läßt sich in frischen subendothelialen Plasmaansammlungen der Vorgang der Faserneubildung verfolgen. Da jedoch an solchen Stellen neben progressiven auch regressive Veränderungen an kollagenen und elastischen Fasern auftreten, ist die Beurteilung auch dieser Zustandsbilder nicht einfach.

Zunächst soll der Vorgang der Faserentstehung soweit wie möglich zeitlich und räumlich scharf abgegrenzt werden. Bei näherer Betrachtung zeigt sich, daß die Faserneubildung keinen einheitlichen wohlcharakterisierten Vorgang darstellt, sondern in verschiedener Weise ablaufen kann. Von grundsätzlicher Bedeutung erscheint die Frage, wie sich die einzelnen Faserarten genetisch zueinander verhalten, ob z. B. kollagene und elastische Fasern aus argyrophilen hervorgehen. In der Klärung dieser Frage sind in letzter Zeit durch das Experiment besonders durch die Gewebezüchtung bedeutende Fortschritte erzielt worden (DOLJANSKI und ROULET, HUZELLA). Jedoch bedarf es im einzelnen der Ergänzung und Bestätigung der gewonnenen Ergebnisse durch morphologische Untersuchungen am Gewebsschnitt. Die Auswahl geeigneter Fälle erfolgte bei den eigenen Untersuchungen nach dem mikroskopischen Befund. Wir bevorzugten Fälle mit frischen subendothelialen Plasmaansammlungen der Intima. Von Frühfällen der Atherosklerose unterscheiden diese sich durch Lokalisation und Ausdehnung, d. h., solche Plasmaansammlungen liegen nicht an umschriebener Stelle der Intima, sie haben demnach auch nicht zur Ausbildung glasiger transparenter Intimabuckel geführt, sondern betreffen den ganzen Gefäßumfang und sind bei Jugendlichen ebenso wie bei den Erwachsenen vorhanden.

Mikroskopisch findet sich in solchen Fällen zwischen Endothel und elastisch-kollagenem Fasersystem der lockeren zellreichen tiefen Intimaschicht im Bereich des ganzen Gefäßumfanges eine plasmaähnliche Substanz, die sich mit van Gieson fleckig blaßgrau-rosa färbt. Durch Spalten und Lücken, die erst bei starker Vergrößerung deutlich werden, hat diese Zone eine wabige Struktur. Der Zellgehalt ist relativ gering, nur an der Grenze zur tiefen Intima und unter dem Endothel sind kleine dunkelkernige runde oder ovale Zellen angehäuft. Im Elasticaschnitt erscheint diese Zone auf den ersten Blick vollkommen faserfrei. Erst bei stärkster Vergrößerung lassen sich in unmittelbarer räumlicher Anlehnung an die Zellen feinste Fasern erkennen. Der Leib der meist spindelförmigen Zellen wird von einer zarten eben sichtbaren van Gieson-roten Schale eingehüllt. In ganz ähnlicher Weise mit geringem Abstand parallel zum Zellprotoplasma lassen sich zarte fein gewellte elastische Lamellen nachweisen, die vielfach aus feinsten Bröckeln zusammengesetzt erscheinen. Derartige Elastinbröckel liegen auch vereinzelt zwischen den Zellen. Einen relativ großen Fasergehalt dieser Zone deckt erst die Silberimprägnation auf. Zahlreiche z. T. dunkelbraun gefärbte Silberfibrillen verschiedener Stärke und Länge sind netzartig untereinander verbunden und entsprechen in ihrer Anordnung dem feinen Wabenwerk plasmaähnlicher Substanz. In diesem Stadium stehen die argyrophilen Fasern räumlich und quantitativ unabhängig vom Zellgehalt im Vordergrund des Gewebsbildes. Mit beginnender zelliger Proliferation und Zunahme der Metachromasie entstehen die ersten kollagenen und elastischen Fasern, deren enge räumliche Beziehung zu den meist spindeligen Fibroblasten besonders hervorgehoben werden muß. Über die genetischen Beziehungen zwischen argyrophilen und kollagenen bzw. elastischen Fasern gibt dieser Befund unmittelbar keine Auskunft. An der wabig angeordneten plasmaähnlichen Zwischensubstanz lassen sich grundsätzlich 2 Möglichkeiten fortschreitender Umwandlung fest stellen.

Unter lebhafter Zellvermehrung werden die Lücken und Spalträume des Wabenwerkes immer weiter, so daß sich allmählich eine netzige Struktur entwickelt. Schließlich nimmt die plasmaähnliche

Substanz so sehr an Menge ab, daß man ihre Reste nur noch bei stärkster Vergrößerung erkennt. In fast gesetzmäßiger Abhängigkeit vom Zellgehalt sind in diesen Bezirken die kollagenen und elastischen Fasern vermehrt. Noch deutlicher als bei dem vorstehend geschilderten Befund läßt sich jetzt die räumliche Anlehnung der Fasern an den Zelleib beobachten. Jede der meist langgestreckten Bindegewebszellen ist von einzelnen Fasern oder von feinen Faserbündeln umgeben. Aber auch zwischen den Zellen finden sich jetzt einzelne oder gebündelte Fibrillen. *Im selben Maße wie die kollagenen Fasern zunehmen, die plasmaähnliche Substanz dagegen zurücktritt, verschwinden auch die Silberfibrillen. Der Nachweis, daß sie in kollagene oder elastische Fasern umgewandelt sind, läßt sich morphologisch nicht sicher erbringen,* wenn auch dieser Gedanke durchaus naheliegt. In manchen Fällen lassen sich auch besondere Beziehungen zwischen elastischen Fasern und Zellen beobachten. In einzelnen Bezirken liegen meist runde oder ovale Zellen so dicht beieinander, daß sie nur schmale Brücken zwischenzelliger Substanz freilassen. Die Kernfärbbarkeit ist verschieden. Vielfach lassen sich die Zellkerne überhaupt nicht darstellen. Zwischen den Zellen findet man bei stärkerer Vergrößerung eine relativ geringe Menge zarter kollagener Fasern. Bei der Elasticafärbung sind die Zellen zum Teil von einem schmalen Elastinsaum umgeben. Auch zwischen den Zellen lassen sich zahlreiche feine oft unscharf begrenzte oder körnig-bröcklige Elemente darstellen. Die Metachromasie ist an solchen Stellen gegenüber der subendothelialen Zone intensiver und stärker ausgebildet. Zwischen Zellgehalt und Menge der elastischen Elemente ergibt sich ein absolut konstantes Verhältnis. Darüber hinaus ist die enge räumliche Beziehung zwischen Zellen und Fasern und die Tatsache, daß es sich fast ausschließlich um runde oder ovale Zellen handelt, bemerkenswert. Die Silberfibrillendarstellung entspricht weitgehend dem Elasticaschnitt. Jede Zelle ist von einem argyrophilen Faserraum umgeben. Man kann deshalb annehmen, daß sich auch die elastischen Faserelemente mit Silber imprägnieren lassen.

Die an die subendotheliale Plasmaansammlung anschließende Entwicklung kann aber auch in anderer Richtung verlaufen, besonders bei älteren Individuen. Die zellige Proliferation bleibt relativ gering, die Metachromasie nimmt in ihrer Intensität nur wenig zu. In ihrem Verlauf färben sich breite parallele Bänder plasmaähnlicher Substanz zunächst nur schwach, später immer kräftiger van Gieson-rot. Im Beginn ist diese Rotfärbung meist ausgesprochen unregelmäßig und fleckig. Später färben sich die Streifen und Bänder homogen und entsprechen dann vollkommen dem, was man als kollagenes Hyalin bezeichnet. Die spärlichen, zwischen solchen Hyalinbändern liegende Bindegewebszellen sind von einem schmalen Hof umgeben, liegen also gleichsam in Gewebsspalten oder Höhlen. Auch hier haben sich Faserelemente an der Grenze zwischen Intercellularsubstanz und Zellprotoplasma ausgebildet. Zwischen den hyalinen Streifen finden sich nur wenige feine bröcklige elastische Elemente. Ebenso gering ist der Silberfibrillengehalt. Nur an den Rändern der Hyalinstreifen lassen sich zarte Fibrillen mit Silber imprägnieren.

Auf Grund der vorgehend geschilderten Befunde lassen sich demnach 2 Typen der Faserneubildung innerhalb der subendothelialen Plasmaansammlungen gegenüberstellen:

1. Faserneubildung im Bereich lebhafter zelliger Proliferation; elastische und kollagene Fasern entstehen zunächst an den *Zellgrenzflächen* in räumlicher Abhängigkeit vom Zellgehalt. Die elastischen Elemente sind durch besondere Beziehungen zu vorwiegend runden oder ovalen Zellen, die kollagenen dagegen zu mehr langen spindeligen gekennzeichnet. Die anfänglich nur schwache Metachromasie ist an den Stellen stärkerer Zellproliferation besonders intensiv.

2. Kollagenes Hyalin, das bei geringer Zellproliferation bzw. geringem Zellgehalt und ebenso geringem Bestand an elastischen Fasern durch direkte Umwandlung plasmaähnlicher Massen entsteht. Die zwischen den hyalinen Bändern liegenden Zellen sind überwiegend spindelig, vielfach stark gestreckt; an diesen Stellen nur schwache Metachromasie.

In beiden Fällen ist die Kollagenbildung in faseriger oder hyaliner Gestalt und die Entstehung elastischer Elemente von der zelligen Proliferation bzw. der Größe des Zellgehaltes abhängig. Zwischen diesen Typen gibt es alle erdenklichen Übergangsformen. Ein mehr ausgeglichenes Gewebsbild entsteht z. B., wenn sich eine mäßige zellige Proliferation zwischen schmalen Hyalinbändern mit einem annähernd gleichen Anteil elastischer Faserelemente verbindet. In manchen Fällen geben auch hyaline Bänder eine schwache Elasticafärbung. *Bei aller Vielfalt der so entstehenden Gewebsbilder ergibt sich doch ein konstantes Mengenverhältnis zwischen Zellgehalt, kollagenen und elastischen Fasern auf der einen Seite und Hyalin auf der anderen Seite.* Stets nehmen dagegen die argyrophilen Fasern mit fortlaufender Verfestigung und Differenzierung des Gewebes ab. Welche Bedingungen für den wechselnden Entwicklungsvorgang der Faserneubildung maßgebend sind, läßt sich aus dem Gewebsbild nicht unmittelbar ablesen.

Von Wichtigkeit erscheint uns, daß die Ansammlung subendothelialer Plasmamassen auch für die weitere Größenzunahme der Intima von entscheidender Bedeutung ist. So beobachteten wir, daß innerhalb der ehemals lockeren durch kollagene Fasern und elastische Lamellen bereits verfestigten Intima oberflächlich eine erneute Auflockerung mit Ansammlung plasmatischer Massen erfolgt, so daß die ursprünglich subendothelial gelegene Faserzone in die Tiefe rückt. *In diesem Vorgang möchten wir einen der Hauptfaktoren bei der Entstehung elastisch-hyperplastischer Intimaverdickungen sehen.* Neben der appositionellen Größenzunahme, der eine subendotheliale Plasmaansammlung vorausgeht, erfährt die Intima darüber hinaus eine Verbreiterung durch Einwachsen und Ausbildung muskulärer Elemente von außen von der Media her.

Der alte Meinungsstreit, ob Bindegewebsfasern intra- oder extracellulär entstehen, schien bedeutungslos geworden, seit man den Protoplasmabegriff auf die geformte zwischenzellige Substanz (Grundsubstanz) ausdehnte (HUECK). An zahlreichen Beispielen menschlicher und tierischer Gewebe ist gezeigt worden, daß die Neubildung von Fasern sowohl im Zelleib selbst als auch in den exoplasmatischen Differenzierungsprodukten erfolgen kann. Grundlage dieser Anschauung blieb eine vorwiegend histogenetisch vom normal-anatomischen Befund ausgehende Betrachtungsweise. Ihre Vertreter stimmen bei aller Verschiedenheit der Einzelergebnisse darin überein, daß *Bindegewebsfasern nur in lebender Substanz, nur im Protoplama oder seinen Modifikationen entstehen könne.* Zu grundsätzlich anderen Ergebnissen führten die Untersuchungen pathologischer Bindegewebsneubildung und das Experiment. Anknüpfend an die von HENLE, KÖLLIKER u. a. entwickelten Theorien gelangten VON EBENER und MERKEL zu der Vorstellung, daß Bindebewebsfasern in z. T. erheblicher Entfernung von Zellen aus kolloidalen homogenen Massen unter Spannungseinfluß entstehen können. Hiervon ausgehend schufen BAITSELL, NAGEOTTE und HERINGA die Grundlagen für eine *Theorie extracellulärer Faserentstehung.* Maßgebend war dabei die experimentell gesicherte Feststellung, daß sich aus toten Massen unter bestimmten Bedingungen echte Faserstrukturen erzeugen lassen. Als Ausgangsmaterial dienten chemisch durchaus verschiedene Substanzen (Fibrin, Plasma ohne Fibrin, Leim), denen nur ein bestimmter kolloidaler Zustand gemeinsam ist (eiweißhaltiges faserbildendes Sol). Eine Bestätigung erfuhren diese Ergebnisse kürzlich durch UV-spektrographische Untersuchungen von RATZENHOFER und SCHAUENSTEIN. RATZENHOFER kam dabei zu der Auffassung, daß die Bindegewebsfibrillen vor allem aus Albumin hervorgehen. Die Möglichkeit einer Kollagenbildung aus anderen Eiweißstoffen wird jedoch nicht bestritten. In Modellversuchen haben MAZIA, HAYASHI und YUDOWITSCH zeigen können, daß die globularen Albuminteilchen des flüssigen Gewebseiweißes beim Übergang in die Faserform eine irreversible Denaturierung erfahren. Bezüglich des struktur-chemischen Aufbaus der kollagenen Fibrillen sei auf die Arbeiten von KÜNTZEL, FREY-WYSSLING, SCHAUENSTEIN, GROSS, BATEMAN, DAY u. a. hingewiesen, bezüglich der Ultrastruktur der kollagenen Fibrillen auf die elektronenmikroskopischen Untersuchungen von SCHMITT, HALL und JAKUS, GROSS, HOCHENEGGER und WALZEL, WOLPERS und WASSERMANN.

Die Methode der Gewebszüchtung brachte in der Analyse dieser Vorgänge weitere Fortschritte (DOLJANSKI und ROULET). Es gelang, in der Fibroblastenkultur im plasmatischen Milieu die räumlichen und genetischen Beziehungen zwischen Zellen und entstehenden Fibrillen in ihren Einzelheiten zu verfolgen. Das Ergebnis zeigt die Möglichkeit extracellulärer Faserentstehung im leblosen Milieu unter beherrschendem Einfluß der Zellen. Die Fasergenese bei atherosklerotischen Veränderungen der Intima ist bereits durch D'ANTONA 1914 untersucht worden. In enger Anlehnung an die damals herrschende Exoplasmalehre stellte er Faserneubildung sowohl im Zellprotoplasma selbst (intracellulär) als auch in seinen Differenzierungsprodukten (epicellulär) fest. Dabei gelang ihm als erstem der Nachweis argyrophiler Fasern in der Aortenintima. Hierzu ist festzustellen, daß D'ANTONA die Faserentstehung in der elastisch-hyperplastischen Intima untersucht hatte, also in einer differenzierten mesenchymalen Struktur. Daß sich hierbei die ersten Anfänge der Fasergenese eindeutig verfolgen lassen, muß bezweifelt werden. Ähnlich wie bei atherosklerotischen Veränderungen beginnt auch in normalen Gefäßen der Prozeß der Faserentstehung in der Intima in den subendothelialen Schichten und schreitet von hier nach außen fort. Eingeleitet wird dieser Vorgang durch ein Einströmen von plasmaähnlichen Massen. Sicherlich handelt es sich dabei um den Eintritt flüssiger Bestandteile aus dem Blutstrom. Über die stoffliche Zusammensetzung dieser Flüssigkeit lassen sich nur Vermutungen anstellen. Man darf wohl annehmen, daß außer Wasser und gelösten Salzen auch Eiweißbestandteile des Plasmas eindringen. Soweit der morphologische Befund überhaupt Schlüsse auf die stoffliche Zusammensetzung der eingetretenen Substanz gestattet, muß man einen beträchtlichen Eiweißgehalt annehmen. Besonders die wabige Struktur erinnert an geronnenes Plasma. In diesem Sinne könnte man die plasmaähnliche Substanz als Gel eines vom Blutstrom eingedrungenen Eiweißsols auffassen. Diese gibt mit Toluidinblau eine nur schwache Farbreaktion. Die Abschwächung der Chromotropie an solchen Stellen ist möglicherweise eine Folge der Plasmaansammlung. Bemerkenswert ist, daß in diesem Bezirk mit abgeschwächter Chromotropie innerhalb der plasmaähnlichen Substanz die ersten Silberfibrillen entstehen. In ihrer Menge und Anordnung sind diese von der Struktur der Substanz abhängig und scheinen sich vornehmlich an den Grenzflächen zu bilden. Auch mit beginnender Zellproliferation bleiben die entstandenen Silberfibrillennetze ohne räumliche Beziehungen zu den Bindegewebszellen.

Nach neueren experimentell gewonnenen Anschauungen muß die Fibrillogenese im zellfreien Milieu durch mechanische Einwirkung grundsätzlich für möglich gehalten werden. Doch wird von den meisten Autoren bezweifelt, daß dieser Weg auch im lebenden Organismus beschritten wird. DOLJANSKI und ROULET halten auf Grund ihrer Erfahrungen in der Gewebekultur die Zelltätigkeit für die Erzeugung echter Faserstrukturen für notwendig. Die Autoren denken dabei an rein formative Funktionen im Sinne der Umgestaltung des intercellulären Milieus. Andere Autoren schreiben den Zellen die Sekretion des Kollagens zu (HERINGA) oder die Bildung von Fermenten. Keine dieser Theorien kann jedoch heute als hinreichend gesichert gelten. Welche Bedeutung den Zellen bei der Neubildung von Silberfibrillen im plasmaähnlichen Milieu zukommt, läßt sich auf Grund der beschriebenen Gewebsbilder natürlich nur unter Vorbehalt beurteilen. Die frühesten Stadien, bei denen die Fibrillen in z. T. erheblicher räumlicher Entfernung von den Bindegewebszellen entstehen, sprechen für eine acelluläre Fibrillogenese Zelleinflüsse wären hier lediglich als Fernwirkung zu denken.

6. Beobachtungen bei der Entstehung kollagener Fasern.

Wenn die argyrophilen Fasern vielfach auch als präkollagene Fasern bezeichnet werden, soll damit angedeutet werden, daß sie sich grundsätzlich nicht von den kollagenen unterscheiden, sondern nur ein Stadium minderer Reife darstellen. Über den Reifungsvorgang selbst besteht keine klare Vorstellung. Seit der Nachweis gelungen ist, daß sich vielfach auch kollagene Faserbündel versilbern lassen (WASSERMANN, NAGEOTTE) und ebenso Silberfibrillen mit den für Kollagen typischen Farbstoffen darstellen lassen, wird es überhaupt bezweifelt, daß ein stofflicher Unterschied zwischen beiden Faserarten besteht. So hält es ROULET für wahrscheinlich, daß Präkollagen und Kollagen nur verschiedene Bezeichnungen für das gleiche Substrat sind. Jedoch ist hiermit nicht erklärt, warum die chemisch an sich gleichartige Faser in einem Fall mit Silber zu imprägnieren ist, ein andermal Affinität zum Säurefuchsin besitzt. Das Faserkaliber kann hierfür nicht allein entscheidend sein. Im allgemeinen ist die Silberfibrille zwar zarter, doch kann es auch vorkommen, daß sie die kollagene Faser an Stärke übertrifft. Eine befriedigende Erklärung für diese Erscheinung ist heute noch nicht gegeben.

Im Gegensatz zu den argyrophilen entstehen die kollagenen Fasern zunächst in enger räumlicher Beziehung zu den Bindegewebszellen. Erst mit fortgeschrittener Proliferation breiten sie sich auch intercellulär aus. Die neugebildeten kollagenen Elemente lassen sich oft auch mit Silber imprägnieren und dabei als feine Fibrillenbündel darstellen. Diese Beobachtung bestätigt die Auffassung, daß kein grundsätzlicher stofflicher Unterschied zwischen argyrophilen und kollagenen fuchsinophilen Fasern besteht. In anderen Fällen dagegen werden die kollagenen Fasern bei Silberimprägnation mehr bräunlich gefärbt, d. h., sie können offenbar ihre Argyrophilie verlieren. Die färberischen Eigenschaften des Kollagens erwerben die Fibrillen nur unter direktem Zelleinfluß. Auch die Färbung mit basischen metachromatischen Anilinfarbstoffen zeigt, daß ein stofflicher Unterschied zwischen beiden Faserarten nicht auffindbar ist. In Anknüpfung an die oben entwickelten Vorstellungen kann man annehmen, daß primitive argyrophile Fibrillen ganz allgemein an den Grenzflächen verschiedener Medien entstehen (Ränder plasmaähnlicher Strukturen, Zellgrenzflächen), daß die Kollagenisierung oder Kollagenimprägnierung solcher Fibrillen (HUECK) mit Erwerb der Fuchsinophilie jedoch eine Funktion der Bindegewebszellen ist.

7. Beobachtungen bei der Entstehung elastischer Fasern.

Nicht geringeren Schwierigkeiten als bei den argyrophilen und kollagenen Fasern begegnen wir bei der Genese elastischer Elemente. Aus der verwirrenden Vielfalt der hierüber bestehenden Vorstellungen sollen nur die in unserem Zusammenhange wesentlichen erwähnt werden. In ähnlicher Weise wie die kollagenen hat man auch die elastischen Fasern von den Silberfibrillen hergeleitet. Der Reifungsvorgang wird als Imprägnierung mit Elastin (HUECK, RANKE) gedeutet. Andere Autoren wollen überhaupt keinen Unterschied zwischen kollagenen und elastischen Fasern gelten lassen. Endlich wurde durch KROMPECHER eine besondere Zellart beschrieben, die angeblich für die Bildung elastischer Fasern verantwortlich sein soll (Elastoplasten). Die ersten zarten elastischen Fasern in der subendothelialen Plasmazone sind ebenso wie die kollagenen eng an den Zelleib angelehnt. Beide Faserarten lassen sich vielfach in der gleichen Zelle beobachten. Ihre weitere Vermehrung erfolgt in Abhängigkeit von der zelligen Proliferation. Oft entstehen kollagene und elastische Fasern an den Grenzflächen der gleichen Zelle oder im intercellulären Milieu. Bemerkenswert ist jedoch, daß auch die entstandenen elastischen Fasern sich fast stets mit Silber imprägnieren lassen. *Es läßt sich hieraus schließen, daß auch zwischen elastischen und argyrophilen Fasern kein grundsätzlicher stofflicher Unterschied besteht und der Bildungsvorgang in ähnlicher Weise wie bei den kollagenen Fasern als Imprägnierung, in diesem Falle mit Elastin, aufzufassen ist.*

Die Gewebschromotropie verhält sich bei den geschilderten Vorgängen folgendermaßen: In der subendothelialen Plasmazone fehlt die Chromotropie ganz allgemein oder ist nur sehr schwach entwickelt. Es ist u. E. nicht richtig, diesen Zustand als Abschwächung zu bezeichnen, da in diesem Bezirk ja auch vorher keine besonders starke metachromatische Färbung bestanden hat. Die Neubildung von Silberfibrillen verläuft gewöhnlich ohne Chromotropie. Ebenso fehlt sie bzw. ist nur sehr schwach ausgebildet *im Beginn* der Entstehung kollagener und elastischer Fasern, wie sie oben eingehend beschrieben wurde. Mit Zunahme der zelligen Elemente läßt sich oft eine deutliche, wenn auch schwache, gleichmäßige metachromatische Färbung in der tiefen endothelfernen Schicht der Intima feststellen, während ein schmaler subendothelialer Streifen ungefärbt bleibt bzw. blaßrötlich erscheint. Die schwache Metachromasie ist dabei ganz gleichmäßig in der Zwischensubstanz ausgebreitet. Mit fortschreitender Differenzierung der Faserstruktur nimmt auch die Chromotropie zu. Sie zeigt auch in der Folge keine Abschwächung, sondern verstärkt sich weiterhin mit Verfestigung der Faserstruktur. Diese Befunde stehen somit im Gegensatz zu den Feststellungen SYLVÉNS, der bei der experimentellen Erzeugung von Granulationsgewebe die stärkste Metachromasie am 4.—6. Tage nach der Operation beobachtete und danach eine Abnahme bzw. ein Schwinden der Chromotropie feststellte. Die Intercellularsubstanz der Gefäßwand wird also sozusagen, wie SCHWARZ sich einmal ausdrückte, auf embryonalem Status festgehalten, während die des Granulationsgewebes den embryonalen Status durchläuft. Es liegt der Gedanke nahe, daß für das Festhalten der Intercellularsubstanz auf einer bestimmten Differenzierungsstufe allgemeine und organabhängige Faktoren verantwortlich sind, von denen bislang so gut wie nichts bekannt ist.

Die Chromotropie entsteht also in der subendothelialen Plasmazone bei Verdichtung des neugebildeten Fasernetzes, im Verlauf zelliger Proliferation und bei zunehmender Faserneubildung. Dabei ist die Chromotropie nicht ausschließlich an das Auftreten eines bestimmten Fasertyps gebunden. Bei der Entstehung von Silberfibrillen ist sie nicht nachweisbar. Wahrscheinlich spielt sie bei der Ausdifferenzierung elastischer und kollagener Fasern eine maßgebliche Rolle. Diesen Zusammenhang zwischen Faserbildung und metachromatischem Verhalten der Grundsubstanz konnten wir auch an anderer Stelle beobachten. So zeigt vor allem das lockere, zellreiche, kollagen-faserige Bindegewebe innerhalb des Mantelgewebes von Fibroadenomen eine auffallend starke Metachromasie. Das Vorkommen metachromatischer Substanz im lockeren Bindegewebe der Haarpapillen und in der äußeren Haarwurzelscheide, in der Cornea, in den Herzklappen usw. läßt sich jedoch allein mit dem Vorgang der Faserbildung nicht ohne weiteres erklären. Es muß deshalb erwogen werden, wie weit der metachromatischen Grundsubstanz nicht auch eine rein mechanische Bedeutung zukommt, insofern, als diese häufig dort ausgebildet ist, wo besondere Anforderungen an die Verformbarkeit des Gewebes gestellt werden.

E. Fetteinlagerungen der Gefäßwand.

Neben Kalksalzen sollen nach Untersuchungen von BÜRGER und SCHLOMKA und HEVELKE auch Lipoide in zunehmendem Maße im höheren Lebensalter in der Gefäßwand abgelagert werden. Diese

Beobachtung machte schon VIRCHOW. Er fand sudanpositive Substanz in alternden Gefäßen in allen Wandschichten, in den sternförmigen Zellen der Intima, in den muskulären Elementen der Media und innerhalb der Intercellularsubstanz. COHNHEIM konnte diese Befunde bestätigen. LANGHANS vertritt dagegen die Auffassung, daß der „Fettdegeneration" der Media keine sehr große Bedeutung zukomme. Er beobachtete nur dann stärkere Mediaverfettungen, wenn gleichzeitig eine Atherosklerose der Intima vorlag. Auch die im höheren Lebensalter auftretenden Umbauprozesse der Media mit Schwund der Muskelfasern sollen nach LANGHANS ohne Fettmetamorphose vor sich gehen. LANGE beschreibt bei chronischen Anämien das Vorkommen einer „Fettdegeneration" der Intima. CORNIL und RANVIER betonen, daß besonders die Muskulatur der Gefäße durch „Fettdegeneration" zugrunde gehe. Eine „Fettdegeneration" des elastischen Gewebes beobachtete JORES in der Intima großer und kleiner Arterien innerhalb der abgespaltenen Lamellen und in der Elastica interna der Nierengefäße. In der Intima der peripheren Arterien soll die „Fettdegeneration" nicht so häufig sein wie in der Intima der zentralen Arterien. MÖNCKEBERG stellte fest, daß selbst bei großen Mediadefekten infolge primärer Mediaverkalkungen in den peripheren Arterien keine Fetttropfen auftraten. HALLENBERGER fand in der Art. radialis innerhalb der stark verdickten Intima nur selten Fetteinlagerungen. Über die Ätiologie der Fetteinlagerungen innerhalb der Gefäßwand berichtet die ältere Literatur nur wenig, wiederholt werden Alterungsvorgänge als Ursache angeschuldigt. LANGE vergleicht die „Fettdegeneration" der Innenhaut der Gefäße mit der senilen „Fettdegeneration" der Cornea (Arcus senilis). Bedeutungsvoll sind die chemischen Untersuchungen von GAZERT aus dem Jahre 1899. Er fand, daß die Fettmenge in der Aorta „bis zu einem gewissen Punkt" gleichmäßig ansteige, um von einem bestimmten Lebensalter an wieder abzusinken. Das gleiche gelte auch für den Kalkgehalt in den Gefäßen. FABER beschreibt isolierte Fetteinlagerungen innerhalb der Elastica interna oder innerhalb des elastischen Netzwerkes von Intima und Media. Am häufigsten sollen die von der Elastica interna abgespaltenen Fasern betroffen sein. „Gleich schönen rotgelben Bändern liegen sie manchmal zu 3 bis 4 parallelen Fasern nebeneinander. Je mehr wir ins Zentrum des Gefäßsystems kommen, desto häufiger ist an diesen Stellen die Sudanreaktion zu erreichen und in den Aorten von

Personen über 20 Jahren, z.B. an Infektionskrankheiten gestorbenen, wird man fast immer auf Fetttropfen in der Elastica interna oder in dem elastisch-muskulösen Gewebe stoßen. Häufig sehen wir so in der Aorta das elastisch-muskulöse Gewebe nach Sudanfärbung als einen breiten gelbroten Streifen mit scharfer Grenze nach außen und nach innen. Die muskulösen Elemente der Media sind sehr oft ergriffen. In den peripheren Arterien ist am häufigsten das innere Mediadrittel zusammen mit der Elastica interna verfettet." Soweit wörtlich die Befunde FABERs, der sich bei seinen Untersuchungen ausschließlich auf Gefäße mit schon makroskopisch sichtbaren Lipoidflecken beschränkte.

Uns interessierte im Rahmen unserer Untersuchungen über die Alternsveränderungen der Gefäße besonders die Frage nach der Verteilung der Fetteinlagerungen innerhalb der *unveränderten* Gefäßwand und ihre Beziehungen zur chr. S., der nicht nur bei der Einlagerung von Kalksalzen, sondern auch bei der Ablagerung von Fettsubstanzen eine besondere Rolle zukommen soll (BÜRGER). Für unsere Untersuchungen verwendeten wir im Gegensatz zu FABER ausschließlich Gefäße mit glatter hellgrau-gelber Innenhaut. Insgesamt untersuchten wir 190 Arterien von Personen verschiedener Altersstufen, insbesondere die absteigende Brustaorta, Halsschlagader, Oberschenkelarterie, obere Mesenterialarterie, Milz- und Nierenarterie, Leberarterie, obere Schilddrüsenarterie, den linken Ast des absteigenden Herzkranzgefäßes und die Hirnbasisarterie.

Es kamen zur Untersuchung vom

1.—10. Lebensjahr je 3 Fälle,
10.—20. Lebensjahr je 3 Fälle,
21.—30. Lebensjahr je 3 Fälle,
31.—40. Lebensjahr je 3 Fälle,
41.—50. Lebensjahr je 2 Fälle,
51.—60. Lebensjahr je 2 Fälle,
61.—70. Lebensjahr je 3 Fälle.

Die Gefäßstückchen werden in 10%igem Formalin fixiert, mit Sudan III gefärbt, Hämalaun gegengefärbt und zusammen mit den entspechenden, in Paraffin eingebetteten, mit Toluidinblau gefärbten Gefäßen untersucht.

1. Untersuchungsergebnisse.

Absteigende Brustaorta.

Am häufigsten finden sich Fetteinlagerungen in der Wand der Aorta (fetthaltig sind 8 von 19 Fällen). Sie sind vorwiegend in der Intima lokalisiert und imponieren als kleine Fetttropfen, die meist innerhalb von Bindegewebszellen liegen. Diese sind langgestreckt, an den Enden zugespitzt und ganz mit sudanpositiven Tropfen ausgefüllt. Der Zellkern liegt regelrecht und ist meist nicht durch die intracellulär gelegenen Fetttröpfchen verdrängt. Daneben finden sich runde Makrophagen mit vorwiegend großen Fetttropfen. Das Gefäßendothel ist fettfrei. Stellenweise zerfallen kleine Gruppen fetthaltiger Zellen, so daß das Fett zu größeren Tropfen zusammenfließt und extracellulär innerhalb der Grundsubstanz liegt. Gewöhnlich zeigt diese eine feine Fettbestäubung. In 2 Fällen ist im Bereich des ganzen Gefäßumfanges die innere Grenzlamelle feintropfig verfettet, desgleichen in verschiedenen Abschnitten die elastischen Elemente. Eine feine Fettbestäubung zeigen zum Teil auch die elastischen Lamellen des inneren Mediadrittels. Die interlamellär-gelegenen glatten Muskelfasern enthalten nur vereinzelt kleinste Fetttropfen und sind im wesentlichen fettfrei. In der inneren Hälfte der Intima sind die Fetteinlagerungen mehr tropfenförmig und meist intracellulär gelegen, in der äußeren Hälfte sind sie mehr staubförmig und an die Grundsubstanz oder an die faserigen Gewebsstrukturen gebunden. „Isolierte Verfettungen" der elastischen Grenzlamelle haben wir im Gegensatz zu FABER nicht beobachtet. Bemerkenswert ist, daß bei einer an den Folgen von Hypertonie gestorbenen Frau bei erheblicher Verdickung der Intima diese vollkommen fettfrei war. Eine Abschwächung der Chromotropie innerhalb der verfetteten Wandabschnitte ist nicht feststellbar.

Halsschlagader

Nach der Aorta zeigt am häufigsten die Halsschlagader Fetteinlagerungen (fetthaltig sind 6 von 19 Fällen). Sie sind in Form kleiner Tropfen in der Grundsubstanz besonders an der Innenseite der elastischen Grenzlamelle gelegen. Diese ist zum Teil ebenso wie die elastischen Fasern der Intima an verschiedenen Stellen ihres Verlaufes mit feinem Fettstaub bedeckt. In den lichtungsnahen Abschnitten der Intima sind die Fettsubstanzen vorwiegend intracellulär gelegen. Kleintropfig sind die Fetteinlagerungen innerhalb der Bindegewebszellen, großtropfig vorwiegend innerhalb von Makrophagen. Gewöhnlich beschränkt sich das Vorkommen der Fetteinlagerungen auf wechselnd große Intimabezirke. Fetteinlagerungen im Bereich des ganzen Gefäßumfanges haben wir nicht beobachtet. Gewöhnlich entspricht die Dicke der Intima nicht der

Menge des abgelagerten Fettes. In 2 Fällen fanden wir auch im inneren Mediadrittel, besonders an der Außenseite der elastischen Grenzlamelle, feine Fettbeschläge sowie eine leichte Fettbestäubung der Grundsubstanz. Die glatten Muskelfasern sind meist fettfrei. Ebenso wie in der Aorta haben wir auch in der Halsschlagader innerhalb der fetthaltigen Gewebsabschnitte keine Abschwächung der Chromotropie festgestellt. Die Frage, warum die Fetteinlagerungen teils in Tropfenform, teils in staubförmiger Verteilung vorliegen, können wir nicht beantworten. HOLLE, der das Auftreten von Fettablagerungen in der Gefäßintima für ein Merkmal umschriebener Stoffwechselstörungen hält, ist der Auffassung, daß die celluläre Verfettung die Bewältigung eines örtlichen, in der Intima gelegenen Gewebsschadens anzeigt, die staubförmige Verfettung der Intima aber als Ausdruck des endgültigen Erliegens jeder Lebenstätigkeit der geschädigten Grundsubstanz zu gelten habe.

Herzkranzgefäß

Fetteinlagerungen finden sich vorwiegend in der Intima (fetthaltig sind 4 von 19 Fällen). In den lichtungsnahen Abschnitten der Intima liegen die Fettsubstanzen meist intracellulär innerhalb langgestreckter Bindegewebszellen. In den tiefen Schichten der Intima zeigt meist die Grundsubstanz eine feine Fettbestäubung, desgleichen die elastischen und zum Teil auch die muskulären Elemente. Innerhalb der verfetteten Abschnitte ist eine Abschwächung der Metachromasie nicht festzustellen.

Art. femoralis, Art. mesenterica superior, Art. lienalis und Art. renalis.

Nach Untersuchungen von THIERSCH, MALJATZKAJA, HESS u.a. sind Fetteinlagerungen in den größeren muskulären Arterien selten. Auch in unseren Fällen haben wir nur in wenigen Gefäßen geringe Mengen sudanpositiver Substanz nachgewiesen. In der Oberschenkelarterie (fetthaltig sind 4 von 19 Fällen) beschränkte sich das Vorkommen von Fetteinlagerungen im wesentlichen auf die Intima. Die Verteilung der fetthaltigen Substanzen innerhalb der Intima ist im Prinzip die gleiche wie bei den oben beschriebenen Gefäßen. In den lichtungsnahen Abschnitten liegen die Fetteinlagerungen vorwiegend intracellulär, sie sind klein- bis großtropfig. In den medianahen Bezirken ist vorwiegend die Grundsubstanz mit Fettsubstanzen bestäubt. Eine feine Fettbestäubung zeigen umschriebene Abschnitte der inneren Grenzlamelle sowie Teile der elastischen Fasern. In einem Fall waren auch glatte Muskelfasern und die Grundsubstanz des inneren Mediadrittels betroffen. Bei den im höheren Lebensalter mit Reduktion der glatten Muskelfasern einhergehenden Umbauprozessen haben wir Fetteinlagerungen nicht beobachtet. Auch Linzbach fand die Media der Oberschenkelarterien gewöhnlich fettfrei. Er glaubt, daß der Grundsubstanz dieser Wandschicht eine besondere Affinität zu Fettsubstanzen fehle. Diese Feststellung steht somit im Gegensatz zu mikrochemischen Untersuchungen von Hevelke, der mit zunehmendem Lebensalter eine vermehrte Einlagerung von Fettsubstanzen in der Wand der Oberschenkelarterie feststellte.

Die obere Mesenterialarterie (fetthaltig sind 2 von 19 Fällen), die Nierenarterie (fetthaltig ist von 19 Fällen 1 Fall) und die Milzarterie (fetthaltig ist von 19 Fällen 1 Fall) zeigen nur sehr geringgradige Fetteinlagerungen. Sie finden sich besonders in den tiefen Intimaschichten und imponieren als feine Fettbestäubung der Grundsubstanz. Die Media dieser Gefäße ist ebenso wie die Oberschenkelarterie trotz umfangreicher altersbedingter Umbauprozesse fettfrei. Diese Beobachtung ist um so bemerkenswerter als man annehmen sollte, daß an solchen Stellen mit Anhäufung chr. S. und entsprechend verlangsamtem örtlichem Stoffwechsel (Linzbach) die Voraussetzungen für die Einlagerung von Fettsubstanzen im besonderen Maße gegeben seien.

Die obere Schilddrüsenarterie, Leberarterie sowie die Hirnbasisarterie sind in den von uns untersuchten Fällen fettfrei gewesen.

2. Fetteinlagerungen und Metachromasie.

In der Frage nach dem Zusammenhang zwischen chr. S. und Verfettung gehen die Ansichten weit auseinander. Nach der Auffassung der einen Autoren (Bunting, Holle, Linzbach, W. W. Meyer, Sinapius, Ssolowjew) sollen sich Fettablagerungen und Metachromasie geradezu ausschließen. Von den anderen Autoren (Anitschkow, Hueck, Saltykow, Schultz, Stumpf) dagegen wird behauptet, die chr. S. der Gefäßwand besitze eine besondere Affinität zu Fettsubstanzen. So schreibt Saltykow wörtlich: „Diejenigen hauptsächlich tieferen Intimateile, die von feinen freiliegenden Fetttröpfchen durchsetzt sind, können den Eindruck erwecken, als beständen sie ausschließlich aus diesen Tröpfchen. Löst man jedoch das Fett durch Alkohol, so bleibt ein ziemlich kompaktes Gewebe übrig. Dieses Gewebe gibt bei Thioninfärbung eine starke Schleimreaktion.“ Auch in den innersten Schichten der Media fand SALTYKOW feinste Fetttröpfchen zusammen mit „schleimiger Umwandlung" und deutlicher Metachromasie der Grundsubstanz. Übereinstimmende Befunde werden von ANITSCHKOW angegeben, nur hält er diejenigen Gewebsveränderungen, die SALTYKOW als „schleimige Degeneration" auffaßt, für eingepreßte Plasmamassen. Auch STUMPF, der eine ganze Reihe kindlicher Aorten untersucht hat, stellte fest, daß die sudanpositive Substanzen hauptsächlich in den metachromatischen Bezirken der Gefäßwand gelegen sind, HUECK betont mit Nachdruck, daß die Stellen mit starker „schleimiger Degeneration" der Gefäßwand besonders zur Verfettung neigen. Dabei sollen die Fettsubstanzen „nicht von außen mit der Nährflüssigkeit eindringen, sondern am Orte der Schädigung ausfallen". SCHULTZ glaubt, daß die Metachromasie „der Ausdruck für jene besondere chemisch-physikalische Disposition" sei, die unter gewissen Bedingungen leicht zum Ausfall von Fettsubstanzen führe. Die ersten feinsten Fetttröpfchen stellte SCHULTZ in der chr. S. der tiefen Intimaschichten fest. Nach den neuesten Untersuchungen von FABER (1954) sollen die Sulfatester der Gefäßwand Lipoide von den mit dem Blutplasma infiltrierten Lipoproteinen freisetzen.

Diesen Befunden stehen die Ergebnisse von LINZBACH u.a. gegenüber, die einen Zusammenhang von Metachromasie und Fetteinlagerung ablehnen. LINZBACH fand die Media von Aorta und Art. femoralis praktisch immer lipoidfrei. Er nimmt an, daß den Zwischensubstanzen der Media eine besondere Affinität zu den Lipoiden fehle. FREY stellt dazu fest, daß zwar eine besondere Affinität des Mucins zu Calcium vorhanden sei, Cholesterinester jedoch besonders gerne an Globulinen haften. Das Bindungsvermögen des „Mucoids" für Calcium sei etwa 4mal so groß wie das der Albumine. Für Cholesterinester sei die Bindung an Globuline am stärksten. Auch BUNTING vermißt innerhalb der verfetteten Gefäßwandbezirke jede Chromotropie. HOLLE fand die Chromotropie besonders des subendothelialen Gewebes und der benachbarten Media bei staubförmiger Verfettung der Grundsubstanz stark herabgesetzt. Demgegenüber soll die celluläre Verfettung keine so festen Beziehungen zum Ausfall der metachromatischen Reaktion des umliegenden Gewebes zeigen. Nur bei vorwiegender Fettspeicherung in den Makrophagen sei die Intensität der Rotfärbung etwas herabgesetzt. Dagegen sei die Fibrocytenverfettung häufig gerade mit einer Verstärkung der Gewebschromotropie verbunden. Nach

SSOLOWJEW soll die Gefäßwandverfettung mit Vacuolisierung der Zwischensubstanz und Abnahme bzw. Schwinden der Chromotropie einhergehen.

Wir haben demgegenüber keine Änderungen der metachromatischen Farbintensität innerhalb der fetthaltigen Abschnitte der Gefäßwand festgestellt. Auch Form und Größe sowie intra- oder extracelluläre Lagerung der Fetttröpfchen sind für den Ausfall der Farbreaktion ohne jede Bedeutung gewesen.

F. Kalkablagerungen der Gefäßwand.

Neuere morphologische Untersuchungen über den Kalkgehalt normaler Gefäße liegen in dem uns zugängigen Schrifttum nicht vor. Die meisten Arbeiten hierüber sind älteren Datums (KLOTZ, FABER, HÜBSCHMANN, RIBBERT, HESSE, MÖNCKEBERG) und beschäftigen sich vor allem mit der Frage der Gefäßwandverkalkung bei atherosklerotischen Prozessen. Im Rahmen unserer Untersuchungen über die Alternsveränderungen der Gefäße interessierte uns besonders Häufigkeit und Verteilung der Kalksalzablagerungen innerhalb der unveränderten Gefäßwand und ihre Beziehungen zur chr. S., die, wie oben bereits erwähnt, nach Untersuchungen von BÜRGER bei der Einlagerung organischer und anorganischer Stoffe eine besondere Rolle spielen soll.

1. Untersuchungsmethoden.

Einige Schwierigkeiten ergaben sich bei der Darstellung der Kalksalzablagerungen. Wir haben die hierfür in der Literatur angegebenen verschiedenen Methoden auf ihre Brauchbarkeit geprüft und dabei einen Kalknachweis gesucht, der morphologische Genauigkeit mit histochemischer Zuverlässigkeit verbindet. Eine derartige Methode ließ sich jedoch nicht finden. Die Färbung mit Alizarinderivaten (Purpurin, Anthrapurin) versagte, weil offenbar die in der Gefäßwand darzustellenden Kalkmengen zu gering waren. Die von LISON empfohlene CRETINsche Methode (Gallussäure-Formol) gab keine brauchbaren Resultate, wahrscheinlich wegen der besonderen Empfindlichkeit der zu färbenden Objekte. So blieb nur der Weg, einen morphologischen Kalknachweis ohne histochemische Zuverlässigkeit, die v. KÓSSAsche Silbernitratmethode mit einem sicheren histochemischen Nachweis ohne Möglichkeit der Lokalisation (die Gipsreaktion bei Einwirkung 3%iger Schwefelsäure auf verkalkte Gewebe) zu verbinden. Dabei ist festzustellen, daß es sich bei der von v. KOSSA angegebenen mikrochemischen Reaktion mit Silbernitrat nicht um einen direkten, sondern indirekten Kalknachweis handelt. Insbesondere werden mit dieser Reaktion Phosphate und Carbonate dargestellt bzw., infolge Reduktion der entstandenen Silbersalze, metallisches Silber. Da jedoch im Gewebe unlösliche Phosphate und Carbonate gewöhnlich als Calciumverbindungen vorliegen, dürften die mit dieser Methode erlangten Ergebnisse hinlänglich genau sein. Von Bedeutung ist die Frage nach dem Einfluß der Formalinfixierung auf den Kalkgehalt im Gewebe. SINAPIUS fand, daß nach ein- bis zweitägiger Fixierung in 10%igem Formalin geringe Kalkmengen vollkommen herausgelöst werden. Nach SCHUSCIK darf, wenn geringe Kalkmengen nachgewiesen werden sollen, das Formalin höchstens 15 min lang einwirken. Auch die Neutralisierung des Formalins verhindert nicht immer, daß in kurzer Zeit wieder kalklösende Ameisensäure gebildet wird. Es werden deshalb die von uns nachgewiesenen Kalkmengen niemals dem wirklichen Kalkgehalt der Gefäßwand entsprechen können. Das geht im besonderen aus Untersuchungen von HESSE hervor, nach denen Kalkmengen unter 0,22% mit der KÓSSAschen Reaktion nicht dargestellt werden können. Erst bei einem Kalkgehalt von 0,3—0,6% erhält man bei der KOSSAschen Reaktion das Bild einer unbedeutenden „Verkalkung". Finden sich nach der KÓSSAschen Reaktion innerhalb der Elastica interna vereinzelt kleine Kalkkörnchen oder findet man eine geringe Kalkbestäubung der elastischen Fasern, so spricht dieser Befund für einen Kalkgehalt von 0,3—0,4%. Das Vorliegen zahlreicher schwarzer Kalkkörnchen in der Gefäßwand soll dagegen einen Kalkgehalt von 0,9—1% anzeigen.

Insgesamt untersuchten wir 1400 Gefäße von Individuen verschiedener Altersstufen, und zwar die absteigenden Brustaorta, die Halsschlagader, die Schenkelarterie, obere Mesenterialarterie, die Milz- und Nierenarterie, die Art. hepatica, die obere Schilddrüsenarterie, den absteigenden Ast der linken Herzkranzarterie und die Hirnbasisarterie. Die Zahl der Fälle verteilt sich dabei folgendermaßen auf die entsprechenden Altersstufen:

Es wurden untersucht vom:

1.—10. Lebensjahr je 36 Fälle,
11.—20. Lebensjahr je 27 Fälle,
21.—30. Lebensjahr je 15 Fälle,
31.—40. Lebensjahr je 15 Fälle,
41.—50. Lebensjahr je 16 Fälle,
51.—60. Lebensjahr je 16 Fälle,
61.—70. Lebensjahr je 15 Fälle.

Die Gefäßstücke werden 12 Std in 10%igem Formalin fixiert und über Aceton in Paraffin eingebettet. Zum indirekten „Kalknachweis“ verwendeten wir die Silbernitratmethode nach v. Kóssa und in einigen Fällen die histochemische Methode, die auf dem Nachweis von Gipskristallen beruht.

2. Untersuchungsergebnisse.

Besonders häufig und frühzeitig finden sich Kalkablagerungen in der Wand der *Aorta* und der oberen *Schilddrüsenarterie*. An dritter Stelle steht die *Art. femoralis* und an vierter die *Art. mesenterica*. Es folgen in weitem Abstand die Halsschlagader, die Milz- und Leberarterie, die Herzkranzarterie sowie die Nieren- und Hirnbasisarterie. Im einzelnen zeigen die von uns untersuchten Gefäße folgende Besonderheiten:

Absteigende Brustaorta.

Die Media der Aorta weist außerordentlich häufig Kalkablagerungen auf. Die Ausdehnung und Intensität wechselt dabei ziemlich stark von Fall zu Fall. Ribbert fand bei Individuen zwischen dem 30. und 40. Lebensjahr in 30% und bei Personen zwischen dem 40. und 60. Lebensjahr in 90% Kalkeinlagerungen. Klotz beobachtete Kalkeinlagerungen der Aorta mit „großer Regelmäßigkeit“ bei Personen über 65 Jahren. Bei Personen unter 45 Jahren sollen Kalkeinlagerungen seltener sein. Hesse konnte in der Aortenmedia eines 15jährigen Jungen Kalkkörnchen nachweisen. Wepler fand nach Schnittveraschung feinkörnige Kalkniederschläge in der Aortenmedia von Personen im 3. Lebensjahrzehnt. Auch Hintzsche konnte mit der gleichen Methode relativ frühzeitig Kalkeinlagerungen feststellen (das Alter der untersuchten Individuen ist nicht angegeben). Lansing u. a. beobachteten jenseits des 20. Lebensjahres ein Ansteigen des Calciumgehaltes, der im 50. Lebensjahr sein Maximum erreichen soll. Einen mit dem Alter fast linearen Calciumanstieg in der Aortenwand stellten Bürger und Schlomka und kürzlich Hevelke in mikrochemischen Untersuchungen fest. Schwarz beobachtete elektronenmikroskopisch sichtbare Kalkeinlagerungen in der Aortenwand eines 13jährigen Jungen. Wir selbst fanden feinste Kalkkörnchen in der Aorta eines 10- und eines 14jährigen. Im 1. Lebensjahrzehnt haben wir unter 36 Fällen und im 2. Lebensjahrzehnt unter 27 Fällen in je einem Fall Kalkeinlagerungen der Aorta festgestellt. Im 3. und 4. Lebensjahrzehnt ist die Aorta in je 15 untersuchten Fällen 3mal bzw. 10mal kalkhaltig gewesen, während im 5. Lebensjahrzehnt in 16 Fällen die Aorta 13mal Kalkeinlagerungen aufwies. Im 6. Lebensjahrzehnt zeigten von 16 Fällen 12 und im 7. Lebensjahrzehnt

Abb. 67. Absteigende Brustaorta eines 30jährigen Mannes mit Ablagerung von Kalkkörnchen vorwiegend im mittleren und äußeren Mediadrittel. (Färbung: v. Kossa/Toluidinblau.)

von 15 Fällen 9 eine positive „Kalkreaktion". Feingeweblich sind Kalkeinlagerungen besonders in der mittleren Wandschicht der Aorta von wechselnder im allgemeinen jedoch geringer Größe nachweisbar (Abb. 67). An einigen Stellen sammeln sie sich zu größeren Häufchen, ohne jedoch massive Kalkschollen zu bilden. Sie sind vorwiegend im mittleren oder äußeren Mediadrittel lokalisiert, besonders aber an der Grenze vom mittleren zum äußeren Drittel, also dort, wo die Vasa vasorum umbiegen und sich zu verzweigen beginnen. Die elastischen Lamellen der Media zeigen meist keinerlei Kalkeinlagerungen, auch die Muskelzellen sowie elastischen und kollagenen Fasern sind gewöhnlich kalkfrei. Die Kalkkörnchen liegen vorwiegend innerhalb der chromotropen Grundsubstanz und sind mehr oder minder zahlreich im Bereich des ganzen Gefäßumfanges anzutreffen. Intima und Adventitia sind in unseren Fällen regelmäßig kalkfrei.

Wie RIBBERT in seiner kurzen Mitteilung schon bemerkte, hat dieser mit dem Alter so gut wie regelmäßig vorhandene Kalkgehalt der Gefäßwand keine direkten Beziehungen zur Atherosklerose. Die Auffassung von KLOTZ, wonach ausschließlich die Muskelfasern Kalksalze enthalten sollen, haben wir nicht bestätigt. Auch eine isolierte Verkalkung der elastischen Elemente, wie sie FABER beschreibt, ließ sich nicht feststellen. Die Kalkeinlagerungen waren meist an die chromotrope Grundsubstanz gebunden. *Intensität und Ausdehnung von Verkalkung und Chromotropie sind dabei keineswegs voneinander abhängig. Wir fanden vielfach reichliche Kalkeinlagerungen und nur geringe Mengen chr. S. und umgekehrt größere Mengen chr. S. und nur geringgradige Kalkablagerungen.* Es scheinen demnach die örtlichen strukturellen Eigenschaften der Gefäßwand keine ausschließliche Rolle beim Zustandekommen der Kalkeinlagerungen zu spielen. Von besonderer Bedeutung ist die Lokalisation der Kalkablagerungen innerhalb der Media. Während das innere Mediadrittel, also die Stelle mit den ungünstigsten Stoffwechselbedingungen gewöhnlich weniger kalkhaltig ist, enthalten die von den Vasa vasorum versorgten Teile der Gefäßwand z.T. sehr umfangreiche Kalksalzablagerungen. Bei Durchmusterung der Präparate hatte man deshalb häufig den Eindruck, als schreite die altersmäßige Kalkeinlagerung innerhalb der Aortenwand von außen nach innen fort. Ob dabei die Kalksalze aus dem Blut der Vasa vasorum stammen oder aber örtlich durch Änderung des Chemismus und des physikalischen Zustandes der Grundsubstanz ausfallen, können wir nicht entscheiden. Zumindest scheint aber bei einer derartigen Lokalisation der Grad der Gewebsbradytrophie beim Zustandekommen der Verkalkung keine ausschließliche Rolle zu spielen, ebensowenig wie die örtlichen strukturellen Eigenschaften der Gefäßwand, da unter diesen Bedingungen das innere Mediadrittel der Hauptsitz der Kalkeinlagerungen sein müßte.

Art. thyreoidea superior.

Wir haben eine Kalkablagerung in der Art. thyreoidea superior seltener gefunden als SINAPIUS, der von 91 Schilddrüsenarterien nur 20 kalkfrei fand. Wir beobachteten in 39 von 140 untersuchten Fällen Kalkablagerungen der Art. thyreoidea superior. Der jüngste Fall mit positivem „Kalknachweis" betraf einen $1^1/_2$ Jahre alten Säugling. Setzen wir die Zahl der Fälle mit kalkhaltiger Schilddrüsenarterie in Beziehung zum Lebensalter, dann kommen wir zu folgendem Ergebnis: Im 1. Lebensjahrzehnt ließen sich in 2 von

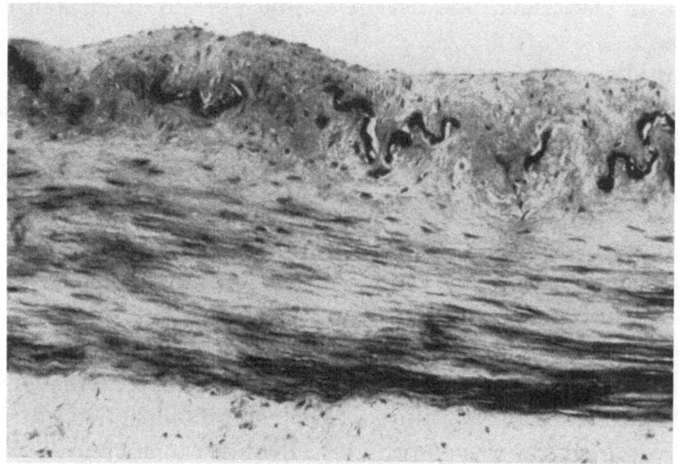

Abb. 68. Art. thyreoidea superior eines 26jährigen Mannes. Isolierte Verkalkung der Membrana elastica interna. (Färbung: v. Kossa/Toluidinblau.)

36 und im 2. Lebensjahrzehnt in 3 von 27 Fällen Kalksalze nachweisen. Im 3. Lebensjahrzehnt fanden wir in 2 von 15 und im 4. Lebensjahrzehnt in 9 von 15 Fällen die Schilddrüsenarterie kalkhaltig. Im 5. Lebensjahrzehnt enthielt die Gefäßwand in 10 von 16, im 6. Lebensjahrzehnt in 8 von 16 und im 7. Lebensjahrzehnt in 5 von 15 Fällen Kalkeinlagerungen.

Bei der feingeweblichen Untersuchung ist gewöhnlich eine *isolierte Verkalkung der Membrana elastica interna* festzustellen (Abb. 68). Intima und Media enthalten in der Regel keinerlei Kalkablagerungen. Schon ohne Anwendung der „Kalkreaktion" tritt die innere Grenzlamelle als stärker lichtbrechende Linie deutlich hervor. Man erkennt anfänglich kleine Kalkkörnchen, die entweder innerhalb der Membrana elastica interna liegen oder aber diese mantelförmig umhüllen. Auch außerhalb der Membran treten kleine oft haufenförmige Ansammlungen von Kalkkörnchen auf, die hier und da größere homogene Schollen bilden und innerhalb der Membran als schmale kleine Kalkplatten imponieren. Die aufgespaltenen elastischen Lamellen sind gewöhnlich kalkfrei. Die isolierte Verkalkung der elastischen Membran kann entweder im Bereich des ganzen Gefäßumfanges vorhanden sein oder nur kleine Strecken der Membran betreffen. Eine totale Verkalkung der Elastica interna haben wir bei unseren Fällen nur selten beobachtet. An den verkalkten Stellen ist die elastische Membran starr und gestreckt, sie verläuft im Zickzack und ist in ihrem Verlauf mehrfach unterbrochen.

Häufig liegen zwischen den Bruchstücken der Membran größere Kalkschollen sowie große hellkernige Fibroblasten und Makrophagen, jedoch keine Fremdkörperriesenzellen. Mit Elasticafarbstoffen färben sich die verkalkten Abschnitte hellgrau, die übrigen Teile der Membran hellgrau-braun. Häufig findet man auch im Bereich der unverkalkten Membran Lückenbildungen, Einschnürungen oder Unterbrechungen der Kontinuität. Beiderseits der kalkhaltigen Membrana elastica interna liegt eine breite Zone, die sich nach VAN GIESON leuchtend rot färbt. An der Außenseite der elastischen Lamelle besitzt diese Zone eine größere Ausdehnung. Die Affinität dieser Abschnitte zum Säurefuchsin ist auffallend stark. Der Farbton ist tiefrot, die Färbung homogen bis wolkig. Faserige Strukturen, die an kollagenes Bindegewebe erinnern, sind nur schwach angedeutet und bei stärkster Vergrößerung schattenhaft erkennbar. Bei Färbung mit Toluidinblau zeigt dieser Streifen eine intensive β-Metachromasie. Charakteristisch ist, daß sich innerhalb der chromotropen bzw. van Gieson-roten Bezirke argyrophile Fasern überhaupt nicht darstellen lassen, während in der übrigen Gefäßwand der Silberfibrillengehalt der altersmäßigen Norm entspricht. Elastische Fasern sind innerhalb dieses chromotropen Wandanteils nur spärlich vorhanden. Gelegentlich finden sich einige kleine elastische Körnchen und Schollen. Die Intima zeigt in diesen Fällen mit Kalkeinlagerungen innerhalb der elastischen Membran keine Besonderheiten, sondern den der Norm entsprechenden altersmäßigen Befund. Auch die Media ist von gewöhnlicher Breite. Die von SINAPIUS beschriebene Mediaverschmälerung, die durch den Funktionsausfall der verkalkten Membran hervorgerufen werden soll und von SINAPIUS als Gefäßwandüberdehnung aufgefaßt wird, ließ sich durch okularmikrometrische Messungen an kalkhaltigen und unveränderten Schilddrüsenarterien nicht nachweisen.

Schon JORES hat bei Untersuchung von Schilddrüsenarterien den zu beiden Seiten der Membrana elastica interna gelegenen van Gieson-roten Streifen beobachtet und beschrieben. Er glaubt, daß es sich um „schleimig degeneriertes Bindegewebe" handle und daß die Ausbildung van Gieson-roter Substanz den ersten zur Verkalkung führenden Gefäßwandschaden darstelle. Bei der Kennzeichnung dieses Vorganges als „degenerativ" geht JORES von der Voraussetzung aus, daß im Bereiche dieser Veränderung ursprünglich vorhandene Bindegewebsfasern zugrunde gegangen seien. Zu einer anderen Auffassung kommt SINAPIUS, der glaubt, daß die Zone wegen ihrer Affinität zum Säurefuchsin hyaline Substanzen enthalte. Er bezeichnet diese wegen ihrer Darstellbarkeit mit der FEYERTERschen Einschlußfärbung, mit der gewöhnlich chromotrope Lipoide nachgewiesen werden, als chromotropes Hyalin und stellt sie dem Adsorptions- und Kollagenhyalin (MÜLLER) besonders gegenüber. Er nimmt an, daß der Ablagerung chromotropen Hyalins als primäre, den Gesamtprozeß der Schilddrüsenarterienverkalkung einleitende Veränderung eine ganz besondere Bedeutung zugemessen werden müsse. Wir fanden jedoch, daß die innerhalb der van Gieson-roten Zone gelegene Substanz nach ihrem färberischen Verhalten nicht zu dem Adsorptions- und Kollagenhyalin gehört, über deren chemische Zusammensetzung wir bisher nur ungenügend unterrichtet sind, sondern, daß es sich um saure Mp. handelt, also um einen Stoff, der einen normalen Bestandteil jeder Gefäßwand darstellt. Da saure Mp. auch bei unverkalkten Gefäßen an der Außenseite der elastischen Membran besonders mit zunehmendem Lebensalter vermehrt nachweisbar sind, möchten wir das gehäufte Vorkommen dieser Substanz nicht unmittelbar mit dem Verkalkungsprozeß der Elastica interna in Zusammenhang bringen, sondern diese Erscheinung eher als Folge der im höheren Lebensalter fast regelmäßig auftretenden und im inneren Drittel der Media beginnenden Umbauprozesse der Gefäßwand auffassen.

Die Frage, warum der Verkalkungsprozeß vorwiegend die Membrana elastica interna betrifft, können wir nicht entscheiden. Zur Beantwortung dieser Frage fehlen uns vor allem die notwendigen Kenntnisse von der feineren Struktur und den physikalisch-chemischen Eigenschaften der Membran. Vielleicht handelt es sich dabei um rein physikalische Ursachen, die mit Dichte und Grenzflächenwirkung zusammenhängen. Nach M. B. SCHMIDT soll besonders in dem homogenen Charakter elastischer Lamellen und Membranen eine Disposition zur Verkalkung gegeben sein. Allgemeine Kalkstoffwechselstörungen möchten wir jedoch nicht annehmen. Allein die Häufigkeit der Kalkablagerungen in der Schilddrüsenarterienwand und die Bevorzugung umschriebener Gewebsbezirke sprechen in unseren Fällen gegen die ursächliche Bedeutung von Störungen des Kalkstoffwechsels. So muß also die *Wirkung lokaler Faktoren* in Erwägung gezogen werden, wie sie für die Entstehung dystrophischer Verkalkungen verantwortlich sind. Gestaltliche Veränderungen an der Membrana elastica interna, die als Vorstufen der Verkalkung gelten könnten, sind bisher noch nicht beschrieben worden (HUECK). Auch wir konnten in den von uns untersuchten Fällen morphologisch sichtbare, der Verkalkung vorausgehende Schädigungen an der Membran nicht nachweisen. Inwieweit chemisch-physikalische Veränderungen vorhanden sind, die sich der färberischen Darstellung entziehen, mag dahingestellt bleiben.

Über die Beziehungen der Schilddrüsenarterienverkalkung zu Veränderungen der Schilddrüse hat schon VIRCHOW berichtet. Die aufgefundenen Kalkeinlagerungen brachte er mit entsprechenden regressiven Veränderungen des Strumagewebes in Zusammenhang. Eine leichte Zerreißlichkeit und Brüchigkeit der Kapselarterien fanden auch die Chirurgen bei Strumaoperationen (WITZEL, KOCHER). JORES und BUDDE gingen diesen Beobachtungen in systematischen Untersuchungen nach. JORES fand diese Veränderungen bei 18 von 20 untersuchten Strumen und folgerte, daß es sich um eine nicht ganz regelmäßige Begleiterscheinung der Struma kolloides handle. Er betrachtete die Kalkeinlagerungen der Strumaarterien nicht als zur eigentlichen Atherosklerose gehörig, sondern als atrophischen Vorgang und nahm einen Zusammenhang mit regressiven Prozessen im Strumagewebe an. Dieser Auffassung widersprachen Befunde, die von ISENSCHMIDT, SANDERSON, HESSELBERG und MATUSEWICZ bei systematischen Untersuchungen jugendlicher Schilddrüsen erhoben wurden. ISENSCHMIDT beschrieb bei 8 von 107 Fällen im Alter von 2—14 Jahren „Degenerationserscheinungen“ an der inneren Grenzmembran mit Kalkeinlagerungen. SINAPIUS fand unter 20 Strumen nur 2 mit stärkerem Kalkgehalt der Kapselarterien. Vier waren vollkommen frei von Veränderungen, und bei den anderen Fällen waren die Erscheinungen geringer. Wir haben nur wenige Strumen untersucht, hauptsächlich normale bzw. altersatrophische Schilddrüsen und fanden bei diesen, wie bereits oben erwähnt, in 39 von 140 Fällen eine stärkere Verkalkung der inneren elastischen Lamelle. Wir glauben deshalb, daß es keine für die Arterien in Kolloidstrumen typischen Verkalkungen gibt, sondern daß normale Schilddrüsen und Strumen, ebenso wie altersatrophische Schilddrüsen, die gleichen Veränderungen aufweisen können. Auf die kürzlich von RATZENHOFER hingewiesenen Besonderheiten der Blutgefäße groß- und kleinknotiger Schilddrüsenadenome kann an dieser Stelle nicht eingegangen werden.

Art. femoralis.

Nach chemischen und morphologischen Untersuchungen von HESSE (1928) soll der Kalkgehalt der Schenkelarterie schon bei Kindern von 5—6 Jahren höher sein als in der Aorta. In einzelnen Fällen soll die Kalkmenge in der Schenkelarterie diejenige in der Aorta um das 3fache übersteigen. RIBBERT fand die Schenkelarterie bei Personen „diesseits der 40er Jahre in einem Drittel der Fälle" kalkhaltig. Die Kalkablagerungen waren jedoch in allen Fällen nur sehr geringfügig. LINZBACH weist darauf hin, daß man schon in den 20er Jahren verhältnismäßig häufig reichliche Kalkablagerungen in der Media der Oberschenkelarterie zu sehen bekommt, oft ohne wesentliche regressive Veränderungen der Gefäßwand. Es handle sich dabei gewöhnlich um kachektische Individuen mit einem langen Krankenlager. Eine andere Ursache als die Kachexie konnte LINZBACH für die „Verkalkungen" nicht erkennen. In mikrochemischen Untersuchungen stellte kürzlich HEVELKE einen mit zunehmendem Lebensalter vermehrten Kalkgehalt in der Wand der Art. femoralis fest. Wir fanden in unseren Fällen entgegen den Ergebnissen HESSEs die Art. femoralis weit weniger häufig verkalkt als die Aorta. Der jüngste Fall mit Kalkablagerungen in der Media der Art. femoralis betrifft im eigenen Material einen 10 Monate alten Säugling. Im 1. und 2. Lebensjahrzehnt fanden wir von 36 und 27 Fällen in je einem Fall Kalkablagerungen innerhalb der Elastica interna. Im 3. Lebensjahrzehnt waren 3 von 15 Fällen und im 4. Lebensjahrzehnt 5 von 15 Fällen kalkhaltig. Im 5. Lebensjahrzehnt enthielt die Art. femoralis in 5 von 16 und im 6. Lebensjahrzehnt in 8 von 16 Fällen Kalksalze. Im 7. Lebensjahrzehnt war in 6 von 15 Fällen die „Kalkreaktion" positiv. Mikroskopisch ist ähnlich wie bei der Schilddrüsenarterie vorwiegend die Membrana elastica interna verkalkt. Die Verkalkung tritt meist isoliert auf und ist nur streckenweise vorhanden. Eine Verkalkung der gesamten Elastica interna haben wir in keinem Fall beobachtet. Die verkalkte elastische Membran ist in ihrem Verlauf meist unterbrochen, hat ein stabförmiges Aussehen, ist starr und gestreckt. Nur selten fanden wir in der Nachbarschaft der Membran kleine Kalkkörnchen. Die äußere elastische Lamelle haben wir im Gegensatz zu LINZBACH stets kalkfrei gefunden. In der Umgebung der verkalkten und meist frakturierten Membran ist die Chromotropie nach Färbung mit Toluidinblau besonders kräftig. Argyrophile Silberfibrillen sind an solchen Stellen nicht erkennbar. Die kollagenen Fasern sind meist plump und verdickt, Fibrocyten und Fibroblasten nur in bescheidenem Maße vorhanden. Glatte Muskelfasern fehlen regelmäßig. Die Affinität dieser Abschnitte zum Säurefuchsin ist ausgesprochen stark. Nach der Media und der Intima zu verdämmert der rote Farbton allmählich. Neben der isolierten herdförmigen Verkalkung der Membrana elastica interna beobachteten wir in einigen Fällen auch innerhalb der Media vorwiegend im inneren Drittel körnige Kalkablagerungen. Die Intensität der Kalkablagerung ist dabei in keiner Weise von der Menge chr. S. abhängig. Die oben ausführlich beschriebenen Umbauprozesse der Media zeigen bei Reduktion der glatten Muskelfasern und Ersatz durch chromotrope Substanz gewöhnlich keine Kalkeinlagerungen. Auch die elastischen Fasern und die glatten Muskelfasern sind, obwohl weitgehend regressiv verändert, meist kalkfrei. Kalkeinlagerungen der Intima oder der Adventitia sind nicht vorhanden.

Art. mesenterica superior.

Nach FABER soll die Art. mesenterica superior das Gefäß sein, das nach der Aorta am häufigsten „verkalkt". Die Kalkeinlagerungen sollen bereits im 10. Lebensjahr auftreten. FABER fand bei Personen unter 20 Jahren in 32 Fällen 6mal und bei Personen zwischen 20 und 36 Jahren unter 48 Fällen 37mal Kalkeinlagerungen. Die eigenen Untersuchungen ergaben demgegenüber nur in 7 von 140 Fällen Kalkeinlagerungen innerhalb der Gefäßwand. Im 1. und 2. Lebensjahrzehnt war die obere Mesenterialarterie in insgesamt 63 Fällen kalkfrei. Im 3., 4. und 5. Lebensjahrzehnt fanden wir in je 15 Fällen bei je einem Fall geringgradige Kalksalzeinlagerungen. Im 6. Lebensjahrzehnt waren von 16 Fällen 3 und im 7. Lebensjahrzehnt von 16 Fällen 1 Fall kalkhaltig.

Ähnlich wie in der Schenkelarterie sind die Kalkablagerungen an 2 Stellen lokalisiert, in der Membrana elastica interna und im inneren bzw. mittleren Mediadrittel. Die innere elastische Grenzlamelle hat häufig bei Einlagerung von Kalksalzen ein stabartiges Aussehen. Die innerhalb der Intima gelegenen Fasern und Lamellen sind gewöhnlich kalkfrei. In der Media finden sich kleine Kalkkörnchen vereinzelt oder in größeren Haufen an verschiedenen Stellen des inneren bzw. mittleren Drittels. Sie liegen in der chromotropen Grundsubstanz und zeigen meist keine Beziehungen zu den Muskelfasern oder den elastischen Elementen.

Art. lienalis.

Ebenso wie bei der Art. mesenterica superior stellte FABER bei der Milzarterie in einem sehr hohen Prozentsatz der Fälle „Wandverkalkungen" fest. Bei 32 Personen bis zu 20 Jahren fand er in 18,7% und bei 48 Personen zwischen dem 20. und 36. Lebensjahr in 38% Milzarterienverkalkungen. Zu anderen Ergebnissen kam THIERSCH. Er untersuchte insgesamt 85 Milzarterien und beobachtete nur in 16 Fällen Kalkeinlagerungen. Nach Beobachtungen von MALJATZKAJA sollen isolierte Kalkeinlagerungen der Milzarterien ohne Bestehen einer Atherosklerose überhaupt nicht vorkommen. Wir fanden im eigenen Material im 3. Lebensjahrzehnt von 15 Fällen 1 Fall mit geringgradigen Kalksalzeinlagerungen und im 5. Lebensjahrzehnt von 16 Fällen 2 und im 7. Lebensjahrzehnt von 16 Fällen 3 mit positiver „Kalkreaktion". Im 1., 2., 4. und 6. Lebensjahrzehnt war die Milzarterie in insgesamt 94 Fällen kalkfrei. Der Grund für diese recht erheblichen Abweichungen in der Häufigkeit der Kalksalzeinlagerungen in der Gefäßwand ist im wesentlichen der, daß FABER und THIERSCH Gefäße mit schon makroskopisch sichtbaren Wandveränderungen untersucht hatten, während wir für unsere Untersuchungen ausschließlich solche Gefäße verwendeten, die makroskopisch keinen Anhalt für das Vorliegen einer Gefäßwanderkrankung boten. Primäre Mediaverkalkungen wie sie von MÖNCKEBERG, HESSE, BÜCHER u. a. besonders an den peripheren Arterien beschrieben worden sind, haben wir an den Milzarterien nicht feststellen können. Auch FABER und MALJATZKAJA haben derartige Veränderungen in ihren Fällen nicht beobachtet. HUECK weist darauf hin, daß die „Verkalkungen" der zentralen Arterien nie über das Stadium der Körner und Häufchen hinauskämen, im Gegensatz zu den peripheren Arterien, die deutlich grobe Schollen- und Spangenbildung zeigen. KÜMMEL beschrieb einen Fall von fraglicher sog. Mediaverkalkung der Milzarterie vom Typ MÖNCKEBERG. Es fanden sich daneben jedoch mehr oder weniger breite atherosklerotische Intimapolster, so daß die Zuordnung dieses Falles zum Krankheitsbild der reinen Mediaverkalkung fraglich erscheint. Um so bemerkenswerter sind die Ergebnisse von THIERSCH, der in 18,8% seiner Fälle grobe isolierte Mediaverkalkungen der Milzarterie beschreibt. In einem Schnitt beobachtete er 80—100 Kalkherde. Sie lagen in der Mitte der Media und sollen auch von dort ausgegangen sein. Die Mediakalkherde traten bei vollkommen intakter Intima auf. In unseren Fällen liegen die Kalkkörnchen meist im mittleren Drittel der Media innerhalb der chromotropen Grundsubstanz. Die elastischen Elemente und Muskelfasern sind gewöhnlich kalkfrei. Die Intensität der Kalkablagerungen ist nicht sehr umfangreich und zeigt keinerlei Beziehungen zur Menge chr. S. Nur in einem einzigen Falle ist auch die äußere Grenzlamelle an umschriebener Stelle kalkhaltig gewesen.

Art. carotis communis.

Auch nach Untersuchungen von FABER ist die Halsschlagader weit weniger häufig kalkhaltig als die bisher beschriebenen Arterien. Er fand bei 32 Personen im Alter von 1—19 Jahren 2mal und bei 48 Personen im Alter von 20—36 Jahren 8mal Kalkablagerungen. Es handelte sich dabei um an Tuberkulose oder anderen Infektionskrankheiten gestorbenen Individuen. Im eigenen Material war die Halsschlagader in 7 von 140 Fällen kalkhaltig. Im 3. Lebensjahrzehnt waren in 1 von 15 Fällen, im 4. Lebensjahrzehnt in 2 von 15 Fällen, im 5. Lebensjahrzehnt in 3 von 16 Fällen Kalksalzeinlagerungen nachweisbar. Die Kalkablagerungen sind vorwiegend im mittleren Mediadrittel lokalisiert und im ganzen ziemlich spärlich. Muskelfasern und elastische Fasern sind meist kalkfrei, desgleichen die elastischen Lamellen. Die manchmal in kleinen Haufen zusammenliegenden Kalkkörnchen finden sich vorwiegend innerhalb der Grundsubstanz.

Art. hepatica, Art. coronaria sinistra descendens, Art. renalis, Art. basalis cerebri

Die Leberarterie enthielt in 5 von 140 Fällen Kalkeinlagerungen, und zwar im 4. Lebensjahrzehnt in 2 von 15 Fällen, im 5. Lebensjahrzehnt in 1 von 16 Fällen und im 6. Lebensjahrzehnt in 2 von 16 Fällen.

Der absteigende Ast der linken Herzkranzarterie war in 4 von 140 Fällen kalkhaltig. Im 6. Lebensjahrzehnt fanden wir in 1 von

16 und im 7. Lebensjahrzehnt in 3 von 15 Fällen Kalksalzeinlagerungen. Die Wand der Nierenarterie enthielt in 3 von 140 Fällen Kalksalzeinlagerungen. Im 5., 6. und 7. Lebensjahrzehnt war von 16, 17 und 14 Fällen je 1 Fall kalkhaltig. Im 1.—4. Lebensjahrzehnt war die Nierenarterie in 93 Fällen kalkfrei.

Die Hirnbasisarterie zeigte nur in einem einzigen Fall, im 4. Lebensjahrzehnt, von insgesamt 140 untersuchten Fällen feine Kalkniederschläge. Bezüglich der Lokalisation zeigten die Kalkeinlagerungen ein ähnliches Verhalten wie die bisher beschriebenen Gefäße. Die Kalkeinlagerungen beschränkten sich im wesentlichen auf die Grundsubstanz der Media und die Elastica interna. Eine feine Kalkbestäubung zeigten z.T. auch die glatten Muskelfasern und die faserigen Gewebsbestandteile. Intima und Adventitia waren regelmäßig kalkfrei.

3. Kalkeinlagerungen und Metachromasie.

Die im höheren Lebensalter zunehmende Ablagerung von Kalksalzen in der Gefäßwand wird von Bürger, Greisheimer, Johnson, Ryan auf ein Absinken des Blutcalciumspiegels und ein Abwandern des Kalkes in die bradytrophen Gewebe zurückgeführt. Bei Frauen soll von einem empirischen Mittelwert von 11,6 mg im Alter von 12 Jahren der Calciumgehalt auf 9,7 mg im Alter von 78 Jahren abfallen. Bei Männern sinkt der Calciumgehalt innerhalb der gleichen Altersgrenzen von 11,6 mg auf 10,0 mg ab. Dementsprechend steigt nach Untersuchungen von Bürger der Calciumgehalt innerhalb der Gefäßwand mit zunehmendem Lebensalter kontinuierlich an. Im 6. Lebensjahr beträgt er in der Aorta 53 mg-% im 29. Lebensjahr 149 mg-%, im 44. Lebensjahr 947 mg-%, im 64. Lebensjahr 1155 mg-% und im 76. Lebensjahr 1638 mg-%. Die bradytrophen Gewebe sollen dabei durch ihren hohen Gehalt an sauren Mp., besonders aber an Chondroitinschwefelsäure, als Kalkfänger wirken. Für die Annahme der chemischen Bindung des Calciums an Chondroitinschwefelsäure ließen sich indessen in der Folgezeit keine Beweise erbringen. Wahrscheinlicher und durch Modellversuche belegt ist die Annahme Pfaundlers, daß bei der Kalkablagerung im Gewebe vorwiegend physikalisch-chemische Affinitäten zur Geltung kommen.

Nach M. B. Schmidt besteht das gemeinsame morphologische Merkmal der physiologischen ebenso wie der pathologischen Verkalkung im Vorhandensein geronnener verfestigter, kernloser

Substrate, denen offenbar eine besondere kolloidchemische Bedeutung bei der Fixierung des Kalkes zukommt. Eine Bestätigung erfuhr diese Anschauung durch Versuche von SCHÖNHOLZER und KURZ. Sie fanden, daß die Adsorption von Kalk bei Hinzufügen einer $CaCl_2$-Lösung zu einem Mucoid aus der Nabelschnur sehr viel größer ist als beim Zusammenbringen mit Globulin aus dem Blutserum oder mit Serumalbumin. Nach SCHÖNHOLZER sollen ganz allgemein die grobdispersen Stoffe in besonderem Maße zur Adsorption von Fremdstoffen neigen. Im Gegensatz zur Adsorption sollen bei der Ausfällung des Kalkes im Gewebe chemische Bindungen maßgebend sein, wobei eine Beteiligung von Stoffwechselvorgängen angenommen wird. Schon SCHADE und später HUZELLA haben darauf aufmerksam gemacht, daß den zwischenzelligen Substanzen eine den allgemeinen Stoffwechsel regulierende Fähigkeit zukomme. Im besonderen gelte das für die Regulierung des Säure-Basen-Gleichgewichts. Auch LINZBACH schloß sich dieser Auffassung an. Er glaubt deshalb, daß diese Funktion von den bradytrophen Geweben dann übernommen werde, wenn die Ausscheidung saurer Substanzen durch die entsprechenden Organe gestört sei. Durch die damit verbundene Säuerung werde die Ablagerung von Kalksalzen in der chromotropen Grundsubstanz ganz besonders begünstigt. Im besonderen gelte das für die Grundsubstanz der Gefäße, die nach Untersuchungen von SCHMIDTMANN auch ohne Störungen des Säuren-Basen-Gleichgewichts im höheren Lebensalter eine zunehmende Säuerung aufweisen soll. Während nach der Auffassung der einen Autoren die Abscheidung von Kalk in einem sauren Milieu zustande kommen soll, soll nach Untersuchungen von RABL die Ausfällung von Kalk in einem alkalischen Milieu erfolgen. Ein typisches Beispiel hierfür sei die sog. Kalkgicht (M. B. SCHMIDT), die durch Kalkablagerungen in Lungen, Nieren und Magen bei gleichzeitiger Nieren- und Knochenerkrankung ausgezeichnet ist. Die Lokalisation der Kalkablagerungen in diesen Organen wird so erklärt, daß durch Abscheidung von Kohlensäure in den Lungen, von Salzsäure im Magen und von Phosphorsäure in die Nieren ein alkalischer Saft in den Geweben zurückbleibt, wodurch die örtlichen Bedingungen für die Kalkablagerungen gegeben sind. Die Beziehungen zwischen Kalkablagerung und chr. S. sind also im ganzen recht schwierig zu beurteilen. *Nach unseren Untersuchungen scheint es sich bei Verkalkung und Chromotropie um zwei unabhängig voneinander auftretende Erscheinungen zu handeln.*

Bedeutungsvoll ist die Beobachtung, daß, obwohl die strukturellen und stoffwechselmäßigen Voraussetzungen für die Ablagerung von Kalksalzen die gleichen sind, d.h., alle Gefäße reichliche Mengen chr. S. enthalten, doch nur wenige Fälle stärkere Kalksalzeinlagerungen innerhalb der Gefäßwand aufweisen. Mit dieser Feststellung stehen wir im Gegensatz zu BÜRGER, der die Verkalkung bradytrophen Gewebes im höheren Lebensalter als einen gesetzmäßig ablaufenden Vorgang bezeichnet. Es spielen somit nach unseren Untersuchungen die örtlichen strukturellen Eigenschaften der Gefäßwand und die örtlichen Stoffwechselbedingungen keine ausschließliche Rolle beim Zustandekommen der alternsbedingten Verkalkung.

Zusammenfassung der Ergebnisse der gesamten Arbeit.

Unsere Untersuchungsergebnisse lassen sich in folgenden Punkten zusammenfassen:

1. Das Wachstum der von uns untersuchten elastischen und muskulären Arterien erfolgt in konstanten Proportionen.

2. Mit Abschluß des Körperlängenwachstums ist im wesentlichen auch das Wachstum der Gefäßwand beendet.

3. Die Verdickung der Gefäßwand nach dem 20. Lebensjahr erfolgt hauptsächlich durch bindegewebige Verbreiterung der Intima und vermehrte Einlagerung chromotroper Substanz innerhalb der Media.

4. Die mittlere Wanddicke sämtlicher von uns untersuchter Gefäße nimmt vom 20.—70. Lebensjahr um etwa 50% zu.

5. Die Zunahme der mittleren Gefäßwanddicke steht in direkter Abhängigkeit von der Größe des inneren Radius.

6. Das Verhältnis von innerem Radius zu mittlerer Gefäßwanddicke erfährt mit dem Altern keine Änderung und ist für das 20. und 70. Lebensjahr konstant. Da nach den Gesetzen der Physiologie die Querspannung der Gefäßwand proportional dem Innendruck und dem Verhältnis von innerem Radius zu mittlerer Wanddicke ist, ist anzunehmen, daß die Konstanterhaltung des Dicken-Radiusverhältnisses während des Alterns auch eine Konstanterhaltung der inneren Querspannung der Gefäßwand je Einheit Druckbelastung bewirkt. Bei Ausweitung des Gefäßrohres ohne gleichzeitige Wandverdickung würde die Querspannung ansteigen. Die Altersverdickung der Gefäßwand ist deshalb als Ausgleichsvorgang zur Vermeidung einer höheren Querspannung aufzufassen.

7. Im 70. Lebensjahr verhält sich bei allen von uns untersuchten Gefäßen die Dicke der Intima zur Dicke der Media etwa wie 1:5. Die Zunahme des Wandvolumens der Schenkelarterie und des absteigenden Astes der linken Herzkranzarterie steht in direkter Abhängigkeit von der Größe des Herzgewichts.

8. Zwischen der Größe des Nieren- und Milzgewichtes und dem Volumen der Nieren- und Milzarterie bestehen konstante Beziehungen.

9. Die Größe des Gefäßwandvolumens der Schenkelarterie ist unter anderem von der Körperlänge und von dem Konstitutionstyp abhängig.

10. Die Durchströmung der Gefäßwand vom Lumen her wird hauptsächlich durch das Verhältnis der inneren Oberfläche zum Volumen der Gefäßwand ($O_i : V$) bestimmt. Bei Volumenzunahme der Gefäßwand zwischen dem 1. und 20. Lebensjahr wird das Verhältnis $O_i : V$ für die Ernährung der Gefäßwand vom Lumen aus ungünstiger. Nach dem 20. Lebensjahr erfährt das $O_i : V$-Verhältnis keine weitere Änderung, sondern bleibt im wesentlichen konstant.

11. Gefäße mit stark verminderter Wanddurchflutung sind die Schenkelarterie, obere Schilddrüsenarterie sowie die Milz- und Nierenarterie. Diese zeigen dementsprechend auch histologisch frühzeitig mit Reduktion der glatten Muskelfasern einhergehende Umbauprozesse, die gewöhnlich im inneren Mediadrittel beginnen und im höheren Lebensalter auch das mittlere und äußere Drittel betreffen. In Gefäßen mit nur geringgradig verminderter Durchflutung (absteigende Brustaorta, Halsschlagader, Hirnbasisarterie) finden sich nur unerhebliche Umbauprozesse innerhalb der Media.

12. Mit Reduktion der glatten Muskelfasern kommt es zur Vermehrung chromotroper Grundsubstanz. Diese ist ein regelmäßiger Bestandteil aller Gefäße und findet sich in jedem Lebensalter und allen Wandschichten.

13. Die chromotrope Substanz gehört zur Gruppe der sauren Mucopolysaccharide und besteht aus hochmolekularen Esterschwefelsäuren, hauptsächlich Chondroitinschwefelsäure, die entsprechend der PAS-Reaktion als 1,3-Glykosidbindung vorliegt. Nach Einwirkung von Hodenhyaluronidase (Kinetin) tritt keine Abschwächung der Metaschromasie ein.

14. Bei der Ausdifferenzierung elastischer und kollagener Fasern kommt der chromotropen Substanz wahrscheinlich eine große Be-

deutung zu. Die Frage nach der Herkunft chromotroper Substanz wird offengelassen. Die Möglichkeit der cellulären Entstehung oder des humoralen Antransportes chromotroper Substanz wird in Erwägung gezogen.

15. Die Auffassung, chromotrope Substanz finde sich nur an Orten mit verminderter Gewebsdurchflutung (LINZBACH), wird mit dem Hinweis auf das gehäufte Vorkommen chromotroper Substanz bei embryonalen, regenerativen und blastomatösen Wachstumsvorgängen, also Prozessen, die sicher ohne Verlangsamung des örtlichen Stoffwechsels vonstatten gehen, abgelehnt.

16. Da nach Untersuchungen von BÜRGER der Wassergehalt der Gefäßwand im Alter nicht abnimmt, eher sogar zunimmt, können für die fortschreitenden Kalk- und Fetteinlagerungen innerhalb der Gefäßwand die an bradytrophen Geweben festgestellten Prozesse der Gewebsverdichtung nicht verantwortlich gemacht werden. Es ist deshalb die Einlagerung von Fetten und Kalksalzen z.T. auf die chemische Umstrukturierung der Gefäßwand zurückzuführen, obwohl den örtlichen strukturellen Eigenschaften der Gefäßwand und den örtlichen Stoffwechselbedingungen keine ausschließliche Rolle beim Zustandekommen der alternsbedingten Gefäßwandverschlackung zukommt.

17. Fetteinlagerungen finden sich besonders häufig in der absteigenden Brustaorta und in der Halsschlagader. Sie sind vorwiegend in der Intima lokalisiert und nur selten im inneren Mediadrittel. Die chromotrope Grundsubstanz und die elastischen Fasern der Intima zeigen meist feine Fettbestäubungen. Die Bindegewebszellen und Makrophagen enthalten dagegen groß- bis kleintropfige Fetteinlagerungen.

18. Besonders frühzeitig und häufig sind Kalkeinlagerungen in der absteigenden Brustaorta und in der oberen Schilddrüsenarterie nachweisbar. Kalkniederschläge finden sich hauptsächlich in der chromotropen Grundsubstanz des mittleren und äußeren Mediadrittels. Isolierte Verkalkungen der inneren elastischen Grenzlamelle zeigen gewöhnlich die obere Schilddrüsenarterie und die Oberschenkelarterie. Mit fortschreitendem Lebensalter nimmt die Häufigkeit der Fälle mit Kalkeinlagerungen innerhalb der Gefäßwand zu.

19. Die histologischen Besonderheiten elastischer und muskulärer Arterien werden ausführlich beschrieben und der Wachstummodus der Intima besonders besprochen.

Literatur.

ABE, T.: Frankf. Z. Path. **22**, 272 (1919/20). — ALTSHULER, CH. H., and D.M. ANGEVINE: Amer. J. Path. **25**, 1061 (1949); **27**, 141 (1951). — ANITSCHKOW, N.: Beitr. path. Anat. **70**, 265 (1922). — Virchows Arch. **249**, 73 (1924). — D ANTONA, S.: Z. Zool. **109**, 485 (1914). — ASBOE-HANSEN, G.: Acta dermato-vener. (Stockh.) **39**, 338 (1950). — J. Invest. Dermat. **15**, 25 (1950). — Ann. Rheumat. Dis. **9**, 149 (1950). — ASCHOFF, A.: Morphologische Arbeiten, herausgeg. v. G. SCHWALBE, Bd. II, H. 1. 1892. — ASCHOFF, L.: Verh. dtsch. path. Ges. **8**, 176 (1904). — Erg. allg. Path. **1**, 561 (1908). — Pathologische Anatomie, 5. Aufl. Jena 1921. — Med. Klin. **1937**, 258. — BAITSELL, G.A.: Anat. Rec. **27**, 75 (1924). — BARGMANN, W.: Histologie und mikroskopische Anatomie des Menschen. Stuttgart: Georg Thieme 1948. — BATEMAN, J.W.: In HÖBER, Physikalische Chemie der Zellen und Gewebe. 1947. — BENDA, C.: Zit. nach ASCHOFF. — BENEKE, F.W.: Die anatomischen Grundlagen der Konstitutionsanomalie des Menschen. Marburg 1878. — BENEKE, R.: Beitr. path. Anat. **87**, 285 (1931). — BENSLEY, S.H.: Anat. Rec. **60**, 93 (1934). — BINSWANGER, O., u. J. SCHAXEL: Arch. f. Psychiatr. **59**, 141 (1917). — BJÖRLING, E.: Virchows Arch. **205**, 71 (1911). — BLIX, G.: Acta physiol. scand. (Stockh.) **1**, 29 (1940). — Acta chem. scand. (Copenh.) **5**, 981 (1951). — BLUMENTHAL, T.H., A.I. LANSING and S.H. GRAY: J. of Gerontol. **3**, 87 (1948). — Amer. J. Path. **26**, 989 (1950). — BLUMENTHAL, T.H., A.I. LANSING and P.A. WHEELER: Amer. J. Path. **20**, 665 (1944). — BÖHMIG, R.: Virchows Arch. **311**, 25 (1944). — BOMPIANI, G.: Arch. ital. Anat. e Istol. pat. **5**, 489 (1934). — BRÜNING, F.: Klin. Wschr. **1924**, 1117. — BUDDE, F.: Inaug.-Diss. Bonn 1896. — BÜRGER, M.: Verh. dtsch. Ges. inn. Med. (38. Kongr.) **1926**, 352. — Z. exper. Med. **63**, 105 (1928). — Z. Neur. **167**, 273 (1939). — Verh. dtsch. Ges. inn. Med. (60. Kongr.) **1954**, 894. — Altern und Krankheit, 2. Aufl. Leipzig: Georg Thieme 1954. — BÜRGER, M., u. G. SCHLOMKA: Z. exper. Med. **55**, 287 (1927); **58**, 710 (1928); **61**, 465 (1928). — BUNTING, CH.: Stain Technol. **24**, 109 (1949). — BUNTING, H., and CH. BUNTING: A.M.A. Arch. of Path. **55**, 257 (1953). — CANSTATT, C.: Zit. nach J. STEUDEL, Sudhoffs Arch. **35**, 1 (1942). — CARREL, A.: J. Amer. Med. Assoc. **82**, 255 (1924). C. r. Soc. Biol. Paris **90**, 29, 1005 (1924). — CHAIN, E., et E.S. DUTHIE: Nature (Lond.) **144**, 977 (1939). — COHNHEIM, J.: Vorlesungen über allgemeine Pathologie, Bd. 1. 1877. — CONN, H.J.: Biological Stains 5th Edit. Biotech. Publ., Genova N.Y. 1946. — CORNIL, V., et L. RANVIER: Manuel d'histologie pathologique. 1907. — COSTA, A.: Pathologica (Genova) **22**, 468 (1930). — Cuore **14**, 12 (1930). — DARANYI, S.: Zit. nach S. THADDEA, Zbl. klin. Med. **62**, 17 (1941). — DAVIES, D.V.: Stain Technol. **27**, 65 (1952). — DAY, T.D.: J. of Path. **59**, 667 (1947). — Lancet **1947 II**, 945. — DEMPSEY, E.W., and B.M. HAYNES: Nature (Lond.) **164**, 368 (1949). — DEMPSEY, E.W., M. SINGER and G.B. WISLOCKI: Stain Technol. **25**, 73 (1950). — DIETRICH, K.: Virchows Arch. **274**, 452 (1929). — DOLJANSKI, L., u. F. ROULET: Virchows Arch. **291**, 260 (1933). — Protoplasma **23**, 443 (1935). — DONDERS, L.: Arch. physiol. Heilk. **7** (1848). — DRIESCH, H.: Z. Altersforsch. **3**, 26 (1941). — DUFF, N.L.: Amer. J. Path. **8**, 219 (1932). — EBNER, V. v.: Untersuch. a. d. Inst. f. Physiol. u. Histol. in Graz, herausgeg. v. ROLLET 1870. — ERDHEIM, J.: Virchows Arch. **273**, 454 (1929); **276**, 187 (1930). — ERICKSON, R.O., K.O. SAX und M. OGUR: Science (Lancaster, Pa.) **110**, 472 (1949). — FABER, A.: Die Arteriosklerose. Jena 1912. — Arch. Path. **48**, 342 (1949). — FISCHER, J.B.: Zit. nach J. STEUDEL, Sudhoffs Arch. **35**, 1 (1942). — FREY, M.: Z. Neur. **167**, 237 (1939). — Z. Kreislaufforsch. **33**, 689 (1941). — FREY-WYSSLING, A.: Submicroscopic morphology of protoplasm and its derivates. New York: Elsevier Publishing Comp. 1948. — FRUCHT, AD. H.: Z. Kreislaufforsch. **42**, 401 (1953). — GAZERT, K.: Dtsch. Arch. klin. Med. **62**, 390 (1899). — GEIST, L.: Zit. nach J. STEUDEL, Sudhoffs Arch. **35**, 1 (1942). — GERSH, I.: Transactions of the 2nd conference, New York, 11, 1951. — GIBIAN, H.: Angew. Chem. **63**, 105 (1951). — GIMBERT, L.: J. Anat. Paris **36—40**, 536 (1865). — GLASUNEW, F.: Z. Zellforsch. **6**, 773 (1928). — GLEGG, R.E., and Y. CLERMONT: Anat. Rec. **112** (Suppl.) 145 (1952). — GORE, J., and V. J. SEIWERT: A.M.A. Arch. of Path. **53**, 121 (1952). — GRASSMANN, W., u. K. HANNIG: Hoppe-Seylers Z. **290**, 1 (1952). — GRAUMANN, W.: Z. wiss. Mikrosk. **61**, 225 (1953). — GREISHEIMER, V.R., O.L. JOHNSON and E.M. RYAN: Amer. J. Med. Sci. **177**, 704 (1929). — GROSS, J.: Ann. New York Acad. Sci. **52**, 964 (1950). — J. of Gerontol. **5**, 343 (1950). — GROSS, J., J.H. HIGHBERGER and F.O. SCHMITT: Amer. Chem. Soc. **72**, 3321 (1950). — GROSS, J., and F.O. SCHMITT: J. of Exper. Med. **88**, 555 (1949). — GROSSFELD, H.: Proc. Soc. Exper. Biol. a. Med. **86**, 81—83 (1954). — HACKEL, W.M.: Virchows Arch. **266**, 360 (1927). — HALE, C.W.: Nature (Lond.) **157**, 802 (1946). — HALL, C.E., M.A. JAKUS and F.O. SCHMITT: J. Amer. Chem. Soc. **64**, 1234 (1942). — HALL, D.A., R. REED and R. E. TURNBRIDGE: Nature (Lond.) **170**, 264 (1952). — HALLENBERGER, O.: Arch. klin. Med. **87**, 62 (1906). — HALLER, A. v.: Zit. nach J. STEUDEL, Sudhoffs Arch. **35**, 1 (1942). — HAM, A.W.: Histology. Philadelphia 1950. — HANSEN, F.C.C.: Anat. Anz. **16**, 417 (1899). — HARMS, J.W.: Körper und Keimzellen. Berlin: Springer 1926. — HENLE, F.G. J.: Handbuch der Gefäßlehre, S. 70. Braunschweig 1868. — HENNEGUY, L.F.: J. Anat. Paris **27**, 397 (1891). — HERINGE, G.C.: Anat. Anz. **72**, 123 (1931). — HESS, M., and F. HOLLANDER: J. Labor. a. Clin. Med. **29**, 321 (1944); **32**, 905 (1947). — HESSE, M.: Virchows Arch. **249**, 437 (1924); **261**, 225 (1926); **269**, 287 (1928). — HESSELBERG, C.: Frankf. Z. Path. **5**, 205 (1910). — HEVELKE, G.: Z. Altersforsch. **8**, 130 (1954). — HIERONYMI, G.: Frankf. Z. Path. **65**, 409 (1954). — HINTZSCHE, E.: Z. mikrosk.-anat. Forsch. **45**, 531 (1939). — HOLLE, G.: Virchows Arch. **310**, 160 (1943). — HOLMGREN, H., u. O. WILANDER: Z. mikrosk.-anat. Forsch. **42**, 242 (1937). — HOLZINGER, J.: Beitr. path. Anat. **94**, 227 (1934). — HOTCHKISS, R.D.: Arch. of Biochem. **16**, 131 (1948). — HÜBSCHMANN, P.: Beitr. path. Anat. **39**, 119 (1906). — HUECK, W.: Beitr. path. Anat. **66**, 330 (1920). — Münch. med. Wschr. **1920 I**, 535, 573, 606; **1938 I**. — HUGHESDON, P. E.: J. Roy. Microsk. Soc. **69**, 1 (1949). — HUZELLA, TH.: Die zwischenzellige Organisation auf der Grundlage der Interzellulartheorie und der Interzellularpathologie. Jena: Fischer 1941. — ISENSCHMIDT, R.: Frankf. Z. Path. **5**, 205 (1910). — JEANLOZ, R.: Science (Lancaster, Pa.) **111**, 289 (1950). — JORES, L.: Beitr. path. Anat. **21**, 211 (1897); **24**, 458 (1898). — JORPES, E.: J. of Biol. Chem. **176**, 277 (1948). — KANI, I.: Virchows Arch. **201**, 45 (1910). — KARSNER, H.T.: Trans. Assoc. Amer. Physicians **53**, 54 (1938). — KAUFMANN, E.: Lehrbuch der speziellen pathologischen Anatomie, 7. u. 8. Aufl. Berlin u. Leipzig 1922. — KAUFMANN, L.: Veröff. Kriegs- u. Konstit.-path. **1**, 1, 2 (1919). — KEUENHOF, W., u. H. KOHL: Z. exper. Med. **99**, 645 (1936). — KLOTZ, O.: J. of Exper. Med. **8**, 322 (1906). — Conf. internat. path. Geograph., Utrecht **2** 1934. — KÖLLIKER, A.: Handbuch der Gewebelehre des Menschen, 5. Aufl. 1867. — KÖSTER, F.: Berl. klin. Wschr. **1875**. — Sitzgsber. niederrh. Ges. **1875**. — KORFF, K. v.: Arch. mikrosk. Anat. **84**, 263 (1914). — KRAUSS, K.: Beitr. path. Anat. **109**, 53 (1944). — KRAWKOW, N.P.: Arch. exper. Path. u. Pharmakol. **40**, 195 (1898). — KROMPECHER, E.: Zbl. Path. **22**,

630 (1911). — KÜMMEL, R.: Z. Path. **17**, 129 (1906). — KUNTZEL, A.: Kolloid-Z. **96**, 273 (1941). — KUNZ, A.: Forschgn. u. Fortschr. **9**, 25 (1933). — KURZ, L.: Über die Adsorption von Kalk und Cholesterin an verschiedenen Eiweißkörpern. Diss. Bern 1942. — LAGUESSE, E.: Arch. d'Anat. microsc. **6**, 99 (1903); **16**, 67 (1914). — Archives de Biol. **31**, 173 (1921). — LAMPERT, L.: Zit. nach S. THADDEA, Zbl. inn. Med. **62**, 17 (1941). — LANGE, C.: ALM. pathologisk. Anatomie. 1896. — LANGE, F.: Virchows Arch. **248**, 463 (1924). — LANGHANS, TH.: Virchows Arch. **36**, 187 (1886). — LETTERER, E.: Über epitheliale und mesodermale Schleimbildung. Leipzig 1932. — LEVENE, P. A.: Z. physiol. Chem. **31**, 395 (1900/01). — London: Longmans, Green & Co. 1925. — LEVENE, P. A., and J. LOPEZ-SUAREZ: J. of Biol. Chem. **18**, 237 (1914). — LILLIE, R. D., and R. W. MOWRY: Bull. Int. Assoc. Med. Mus. **30**, 99 (1949). — LINZBACH, A. J.: Virchows Arch. **308**, 629 (1942); Virchows Arch. **311**, 432 (1943). — LISON, L.: Bull. Acad. roy. Méd. Belg. **19**, 1332 (1933). — C. r. Soc. biol. Paris **118**, 821 (1935). — LOEB, O.: Pflügers Arch. **124**, 120 (1908). — LOPEZ-SUAREZ, J.: J. of Biol. Chem. **26**, 105 (1918). LUBARSCH, O.: Allgemeine Pathologie. Wiesbaden 1905. — LÜTHIE, R.: Studien über die Verteilung von Farbstoffen in der Wand der großen Gefäße bei Tieren unter normalen Kreislaufbedingungen und bei experimenteller Hypertonie. Diss. Bern 1938. — MALJATZKAJA, M. J.: Beitr. path. Anat. **94** (1934). — MANZINI, R. E., and E. J. SACERDOTE DE LUSTIG: J. Nat. Cancer. Inst. **10**, 1371 (1950). — MATUSEWICZ, J.: Beitr. path. Anat. **31**, 217 (1902). — MAZIA, HAYASHI and YUDOWITCH: Cold Spring Harbor Symp. Quant. Biol. **12**, 122 (1947). — MCMANUS, J. F.: Nature, Lond. **158**, 202 (1946). — MCMANUS, J. F., and J. F. CASON: Arch. of Biochem. a. Biophysics **34**, 293 (1951). — MERKEL, F.: Verh. internat. Kongr. Med., Berlin 1891. — Anat. H. **38**, 321 (1909). — MERKEL, H.: Beitr. path. Anat. **105**, 176 (1941). — METSCHNIKOFF, E.: Beitrag zu einer optimistischen Weltauffassung. München 1908. — METTENHEIMER, C.: Zit. nach J. STEUDEL, Sudhoffs Arch. **35**, 1 (1942). — MEYER, K.: Adv. Protein Chem. **2**, 249 (1945). — Physiologic. Rev. **27**, 335 (1947). — Ann. New York Acad. Sci. **52**, 961 (1950). — Trans. of 1st Conf. 1950. — MEYER, K., u. S. H. FELLIG: J. Expertia **6**, 186 (1950). — MEYER, K., and A. LINKER: Federat. Proc. **10**, 223 (1951). — MEYER, W. W.: Virchows Arch. **316**, 268 (1949). — MINOT, CH. S.: The problem of age, growth and death. New York u. London 1908. — MÖNCKEBERG, J. G.: Virchows Arch. **171**, 141 (1903). — Handbuch der ärztlichen Erfahrungen im Weltkrieg 1914/18, Bd. **8**, S. 8. 1921. — MÖRNER, C. TH.: Arch. f. Physiol. **1**, 311 (1889). — MOON, H. D., and J. F. RINEHART: Circulation **6**, 481 (1952). — MORGAGNI, G. B.: Zit. nach J. STEUDEL, Sudhoffs Arch. **35**, 1 (1942). MÜHLMANN, H.: Das Altern und der physiologische Tod. Jena 1910. — MÜLLER, E.: Beitr. path. Anat. **97**, 41 (1936). — MURATORI, G., u. R. GROTTE: Boll. soc. ital. Biol. sper. **27**, 626 (1951). — MICHAELIS, L., and S. J. GRANICK: Amer. Chem. Soc. **67**, 1212 (1945). — NAGEOTTE, J.: C. r. Soc. Biol. Paris **87**, 147, 439, 598 (1922); **96**, 172 (1927); **113**, 841 (1933). — C. r. Acad. Sci. Paris **184**, 115 (1927). — C. r. Assoc. Anat. Brux., März 1934. — NEGRI, L., e G. WEBER: Arch. „De Vecchi" Anat. Pat. **2**, 947 (1948). — NEUBERG, E.: Verh. dtsch. path. Ges. **6/8**, 19 (1904). — NORDMEYER, N.: Beitr. path. Anat. **86**, 149 (1931). — OGUR, M., and G. ROSEN: Federat. Proc. **8**, 234 (1949). — OKUNEFF, N.: Virchows Arch. **259**, 685 (1926). — OPPENHEIM, F.: Frankf. Z. Path. **21**, 57 (1918). — PAGET, A.: London Med. Gaz. **2**, 553 (1842). — PEARL, R.: Biology of death. — PEARSE, A. G. E.: Histochemestry. Theoretica and applied. London 1954. — J. Clin. Path. **4**, 1 (1951). — PERSSON, B. H.: Acta Soc. Med. Upsala, Suppl.

2 (1953). — PETROFF, R.: Beitr. path. Anat. **71**, 115 (1922). — PFAUNDLER, M. v.: Klin. Wschr. **1922**, 1177. — PISCHINGER, A.: Z. Zellforsch. **3**, 169 (1926). — RABL, C. R.: Virchows Arch. **245**, 542 (1923). — RANDERATH, E.: Verh. Dtsch. Ges. für Orthop., 38. Kongr. Heidelberg 1951, S. 12. — RANKE, O.: Sitzgsber. Heidelberg. Akad. Wiss., Math.-naturwiss. Kl. **5** (1914). — RANVIER, L.: Traite technique d'histologie, Paris 1875. — RATZENHOFER, M.: 3. Österr. Ärztetag 1949, S. 214. — Wien. klin. Wschr. **1950**, 223. — Schweiz. Z. Path. u. Bakter. **13**, 426 (1950). — Mikroskopie (Wien) **6**, 165 (1951). — Krebsarzt (Wien) **6**, 210 (1951). — Z. Krebsforsch. **58**, 198 (1952). — Verh. dtsch. Ges. Path. **36**, 267 (1953). — RATZENHOFER, M., u. E. SCHAUENSTEIN: Verh. dtsch. Ges. Path. **35** (1951). — RATZENHOFER, M., E. SCHAUENSTEIN u. W. BERND: Z. Biol. **104**, 384 (1951). — RIBBERT, H.: Verh. dtsch. Ges. Path. **8**, 168 (1904). — Der Tod aus Altersschwäche. Bonn 1908. — Sitzgsber. niederrh. Ges. Natur u. Heilk. Bonn **1917**, 17. — RINEHART, J. F., and L. O. GREENBERG: A.M.A. Arch. of Path. **51**, 12—18 (1951). — RÖSSLE, R.: Münch. med. Wschr. **1910**, 790. — Wachstum und Alter. München: I. F. Bergmann 1923. — ROLLETT, A.: Sitzgsber. kgl. Akad. Wien **33**, 516 (1858); **39**, 308 (1860). — ROULET, F.: Arch. exper. Zellforsch. **17**, 1 (1935). — Erg. Path. **32**, 1 (1937). — RUBNER, M.: Kraft und Stoff im Haushalt der Natur. Leipzig 1909. — RUZICKA, V.: Arch. mikrosk. Anat. u. Entw.mechan. **101**, 4 (1924). — Roux' Arch. **112**, 2 (1927). — SALTYKOW, S.: Beitr. path. Anat. **43**, 147 (1908). — SCHADE, S.: Die physikalische Chemie in der inneren Medizin. Dresden 1921. — SCHARPFF, A.: Frankf. Z. Path. **2**, 391 (1909). — SCHAUENSTEIN, E.: Mh. Chem. **80**, 820 (1949). — SCHAUENSTEIN, E., M. HOCHENEGGER u. M. WALZEL: Z. Biol. **104**, 228 (1951). — SCHAUENSTEIN, E., u. D. STANKE: Makromolekulare Chem. **5**, 262 (1951). — SCHEEL, O.: Virchows Arch. **191**, 135 (1908). — SCHIELE-WIGAND, V.: Virchows Arch. **82**, 27 (1880). — SCHMIDT, B.: Handbuch der allgemeinen Pathologie, Bd. 3, S. 215. 1921. — SCHMIDTMANN, M.: Virchows Arch. **255**, 206 (1925); **267**, 610 (1928). — SCHMIEDEBERG, O.: Arch. exper. Path. u. Pharmakol. **28**, 355 (1896). — SCHMIEDL, H.: Z. Heilk. **28** (1907). — SCHMITT, F. O., C. E. HALL and M. A. JAKUS: J. Cellul. a. Comp. Physiol. **20**, 11 (1942). — SCHÖNHOLZER, G.: Erg. inn. Med. **62**, 794 (1942). — SCHOENMACKERS, J.: Z. Kreislaufforsch. **37**, 617 (1948). — Ärztl. Forsch. **2**, 337 (1948). — SCHÜRMANN, P.: Virchows Arch. **291**, 47 (1933). — SCHULTZ, A.: Virchows Arch. **239**, 415 (1922). — SCHULTZE, P.: Zit. aus Handbuch der mikroskopischen Anatomie 1929. — SCHUSCIK, O.: Z. Mikrosk. **37**, 215 (1920). — SCHWARZ, W.: Virchows Arch. **324**, 612 (1954). — SEGRE, R., u. E. KELLNER: Zbl. Path. **32**, 561 (1921/22). — SEILER, B. W.: Zit. nach J. STEUDEL, Sudhoffs Arch. **35**, 1 (1942). — SIEGMUND, H.: Münchner med. Wschr. **1942**, 828. — SIMITSKY, L. v.: Z. Heilk. **24**, 177 (1903). — SINAPIUS, D.: Virchows Archiv **316**, 11—50 (1949); **318**, 316 (1950). — SPRINGORUM, W.: Virchows Arch. **290**, 733 (1933). — SSOLOWJEW, A.: Virchows Arch. **241**, 1 (1923); **243**, 44 (1923); **250**, 359 (1924); **261**, 253 (1926). — STAEMMLER, M.: Zbl. Path. **34**, 169 (1923). — STALLMANN, L.: Z. exper. **101**, 175 (1937). — STEEDMAN, H. F.: Quart. J. Microsc. Sci. **91**, 477 (1950). — STEINACH, O.: Verjüngung durch experimentelle Neubelebung der alternden Pubertätsdrüse. Berlin 1930. — STEINBISS, W.: Virchows Arch. **212**, 152 (1913). — STERNBERG, H., u. H. JAFFE: Med. Klin. **1919 II**, 1311. — STUMPF, R.: Beitr. path. Anat. **59**, 390 (1914). — SUMIKAWA, T.: Virchows Arch. **196**, 232 (1909). — SUTER, F.: Arch. exper. Path. u. Pharmakol. **39**, 289 (1897). — SYLVÉN, B.: Acta chir. scand. (Stockh.) **86**, 1, Suppl. 66 (1941). — Acta radiol. (Stockh.) Suppl. **59**, 1—99 (1945). —

Taylor, H.E.: Amer. J. Path. **29**, 871 (1953). — Thiersch, H.: Beitr. path. Anat. **96**, 147 (1935). — Thoma, R.: Untersuchungen über die Größe und das Gewicht der anatomischen Bestandteile des menschlichen Körpers im gesunden und kranken Zustand. Leipzig 1882. — Torhorst, H.: Beitr. path. Anat. **36**, 210 (1904). — Tretjakoff, D.: Arch. Anat., Histol. u. Embryol. **1**, 72 (1916). — Troitzkaja-Andrejewa, A.M.: Frankf. Z. Path. **41**, 120 (1931). — Vannotti, F.: Z. exper. Med. **99**, 357 (1936). — Vierordt, H.: Anatomische Daten und Tabellen. 1906. — Virchow, R.: Arch. f. Path. **16**, 1 (1859). — Voigts, H.: Inaug.-Diss. Marburg 1904. — Voronoff, S.: Verhütung des Alterns durch künstliche Verjüngung. Berlin 1926. — Wassermann, F.: Die lebendige Masse. In Handbuch der mikroskopischen Anatomie, Bd. 1, Teil 2. Springer 1929. — Wellmann, E., and J.E. Edwards: Arch. of Path. **50**, 183 (1950). — Wepler, W.: Virchows Arch. **295**, 546 (1935). — Wermbter, F.: Virchows Arch. **257**, 249 (1925). — Westphalen, H.: Inaug.-Diss. Dorpat 1886. — Wiame, J.M.: Amer. J. Chem. Soc. **69**, 3146 (1947). — Wiesel, J.: Z. Heilk. **27**, 69 (1907). — Wien. Arch. inn. Med. **1** (1920). — Wien. klin. Wschr. **1921**. — Wilens, S.L.: Amer. J. Path. **27**, 825 (1951). — Wislocki, G.B., H. Bunting and E.W. Dempsey: Amer. J. Anat. **81**, 1—37 (1947). — Wislocki, G.B., and E.W. Dempsey: Anat. Rec. **96**, 249 (1946). — Wislocki, G.B., R.S. Rheingold and E.W. Dempsey: Blood **4**, 562 (1949). — Wolf, E.K.: Virchows Arch. **270**, 37 (1927). — Wolfrom, M.L., R.K. Madison and M.J. Cron: J. Amer. Chem. Soc. **74**, 1491 (1952). — Wolkoff, C.: Virchows Arch. **256**, 751 (1925); **312**, 292 (1943). — Ärztl. Wschr. **1948**, 644. — Verh. dtsch. Ges. Path. **33**, 57 (1949). — Leder **1**, 3 (1950). — Zeiger, K.: Z. Zellforsch. **10**, 481 (1930). — Zinserling, M.D.: Zbl. Path. **24**, 627 (1913). — Virchows Arch. **213**, 23 (1913); **258**, 165 (1925). — Zwaardemaker, R.: Allgemeine Energetik des Lebens. Zit. nach M. Bürger.

Jahrgang 1942.

1. E. GOTSCHLICH. Hygiene in der modernen Türkei. DM 0.60.
2. Studien im Gneisgebirge des Schwarzwaldes. XIII. O. H. ERDMANNSDÖRFFER. Über Granitstrukturen. DM 1.60.
3. J. D. ACHELIS. Die Überwindung der Alchemie in der paracelsischen Medizin DM 1.40.
4. A. BENNINGHOFF. Die biologische Feldtheorie. DM 1.—.

Jahrgang 1943.

1. A. BECKER. Zur Bewertung inkonstanter α-Strahlenquellen. DM 1.—.
2. W. BLASCHKE. Nicht-Euklidische Mechanik. DM 0.80.

Jahrgang 1944.

1. C. OEHME. Über Altern und Tod. DM 1.—.

1945, 1946 und 1947 sind keine Sitzungsberichte erschienen.

Ab Jahrgang 1948 erscheinen die „Sitzungsberichte“ im Springer-Verlag.

Inhalt des Jahrgangs 1948:

1. P. CHRISTIAN und R. HAAS. Über ein Farbenphänomen. DM 1.50.
2. W. BLASCHKE. Zur Bewegungsgeometrie auf der Kugel. DM 1.—.
3. P. UHLENHUTH. Entwicklung und Ergebnisse der Chemotherapie. DM 2.—.
4. P. CHRISTIAN. Die Willkürbewegung im Umgang mit beweglichen Mechanismen. DM 1.50.
5. W. BOTHE. Der Streufehler bei der Ausmessung von Nebelkammerbahnen im Magnetfeld. DM 1.—.
6. W. TROLL. Urbild und Ursache in der Biologie. DM 1.50.
7. H. WENDT. Die JANSEN-RAYLEIGHsche Näherung zur Berechnung von Unterschallströmungen. DM 2.40.
8. K. H. SCHUBERT. Über die Entwicklung zulässiger Funktionen nach den Eigenfunktionen bei definiten, selbstadjungierten Eigenwertaufgaben. DM 1.80.
9. W. SCHAAFF. Biegung mit Erhaltung konjugierter Systeme. DM 1.80.
10. A. SEYBOLD und H. MEHNER. Über den Gehalt von Vitamin C in Pflanzen. DM 9.60.

Inhalt des Jahrgangs 1949:

1. H. MAASS. Automorphe Funktionen und indefinite quadratische Formen. DM 3.60.
2. O. H. ERDMANNSDÖRFFER. Über Flasergranite und Böllsteiner Gneis. DM 1.20.
3. K. H. SCHUBERT. Die eindeutige Zerlegbarkeit eines Knotens in Primknoten. DM 2.80.
4. K. HOLLDACK. Grenzen der Herzauskultation. DM 4.20.
5. K. FREUDENBERG. Die Bildung ligninähnlicher Stoffe unter physiologischen Bedingungen. DM 1.—.
6. W. TROLL und H. WEBER. Morphologische und anatomische Studien an höheren Pflanzen. DM 7.80.
7. W. DOERR. Pathologische Anatomie der Glykolvergiftung und des Alloxandiabetes. DM 9.80.
8. W. THRELFALL. Knotengruppe und Homologieinvarianten. DM 1.50.
9. F. OEHLKERS. Mutationsauslösung durch Chemikalien. DM 3.80.
10. E. SPERNER. Beziehungen zwischen geometrischer und algebraischer Anordnung. DM 3.—.
11. F. HELLER. Ursus (Plionarctos) stehlini Kretzoi. DM 4.80.
12. W. RAUH. Klimatologie und Vegetationsverhältnisse der Athos-Halbinsel und der ostägäischen Inseln Lemnos, Evstratios, Mytiline und Chios. DM 10.50.
13. Y. REENPÄÄ. Die Schwellenregeln in der Sinnesphysiologie und das psychophysische Problem. DM 1.60.